Le commentaire de carte topographique

CAMILLE TIANO
CLARA LOÏZZO

Le commentaire de carte topographique

Méthodes et applications

ARMAND COLIN

Conception de couverture : Hokus Pokus créations

Image de couverture : Extrait de la carte IGN au 1/25 000 Beaune 3024 O 2016

Cartographie : Carl Voyer

Maquette intérieure : Raphaël Lefeuvre

Mise en page : PCA

Un glossaire des notions-clés, une sélection de rapports de jurys de concours et la liste des abréviations IGN sont disponibles à l'adresse :

http://goo.gl/ZSs4tU

Armand Colin est une marque de Dunod Éditeur,
11 rue Paul Bert, 92240 Malakoff

www.armand-colin.com

ISBN 978-2-200-61703-5

Sommaire

Introduction 9

1. Les épreuves de commentaire de carte topographique à l'université et aux concours 9
2. Le support du commentaire : la carte et sa légende 11
3. Commenter une carte : une démarche faussement inductive 13
4. Principes et étapes du commentaire 15

1 Décrire les formes topographiques et les réseaux hydrographiques **17**

1. Les formes topographiques simples 18
   - 1.1 Altitudes et pentes : interpréter les courbes de niveau 18
   - 1.2 Les formes planes et en creux : plaine, plateau et vallée 20
   - 1.3 Les formes saillantes 24
2. Les formes topographiques spécifiques 26
   - 2.1 Les formes glaciaires héritées et vivaces 26
   - 2.2 Les formes karstiques 31
   - 2.3 Les formes volcaniques 34
3. Les réseaux hydrographiques 41
   - 3.1 Hiérarchisation et densité 41
   - 3.2 Cours, lits et étendues d'eau 42
   - 3.3 Régimes et risques hydrologiques 43

Commenter la topographie : l'exemple de la vallée du Rhône à Condrieu 46

2 Décrire et analyser les formations végétales, les paysages agraires et les activités agricoles **49**

1. Forêts et formations végétales spécifiques 50
   - 1.1 Statuts, essences et fonctions des forêts françaises 50

1.2 Formations végétales spécifiques 54
1.3 L'étagement de la végétation en montagne 55
2. Les paysages agraires 56
2.1 Les paysages de bocage et d'openfield 56
2.2 Des paysages en profonde transformation 59
2.3 Les paysages régionaux spécifiques 62
3. Les grands systèmes agricoles : repérer les activités agricoles 65
3.1 Les grandes cultures 65
3.2 L'élevage 67
3.3 Les vignobles français 69
3.4 Les cultures délicates 73
4. Les enjeux de durabilité des espaces ruraux sur la carte 74
4.1 Des enjeux socio-économiques 75
4.2 Des enjeux environnementaux 77
4.3 Quelles réponses aux défis des espaces agricoles et ruraux? 79
Commenter un espace rural : l'exemple de Beaune 82

3 Décrire et analyser les espaces urbains et périurbains 85
1. Sites et situations urbains 86
1.1 Les sites : catégorisation, atouts et contraintes 86
1.2 Les situations : catégorisation, évolutions et jeux d'échelle 87
2. Morphologie, dynamiques et enjeux des centres-villes 89
2.1 Trame romaine, noyau médiéval et extensions modernes 90
2.2 Aménagements et tissus urbains du XIXe siècle 91
2.3 Aménagements et tissus urbains contemporains : villes reconstruites et centres requalifiés 93
3. Morphologie, dynamiques et enjeux des espaces périurbains 95
3.1 Organisation et dynamiques des territoires périurbains 96
3.2 Étapes, morphologies et enjeux de la périurbanisation résidentielle 97
3.3 Aménagements et enjeux de la périurbanisation productive et logistique 106
Commenter des espaces urbains : l'exemple de Montpellier 108

4 Décrire et analyser les espaces industriels et énergétiques 113
1. Aménagements et enjeux de la production d'électricité 114
1.1 Les installations nucléaires : emprise spatiale et enjeux 114
1.2 L'hydroélectricité : aménagements et enjeux 116
1.3 Les centrales thermiques et les installations utilisant des énergies renouvelables 118

2. Paysages et enjeux des anciens espaces industriels 121
2.1 Les paysages miniers hérités 121
2.2 D'autres paysages industriels hérités 123
2.3 Revitaliser les territoires industriels et miniers en crise : aménagements et enjeux socio-environnementaux 124
3. Paysages et enjeux des espaces industriels actuels 131
3.1 Les territoires dynamiques de l'industrie : la compétitivité sur la carte 131
3.2 Les risques technologiques : nature et mesures 133
Commenter un espace industriel : l'exemple de Woippy 136

5 Décrire et analyser les territoires de montagne 141
1. Organisation des massifs et activités héritées des montagnes en métropole 142
1.1 Présenter le cadre montagnard 142
1.2 Les activités agricoles des montagnes en métropole : permanences et mutations 143
1.3 Les activités industrielles héritées des montagnes en métropole 144
2. La mise en tourisme des montagnes en France métropolitaine 145
2.1 Le retournement imaginaire et les stations de 1re et 2e générations 145
2.2 Les stations de 3e génération et le Plan Neige 149
2.3 Les enjeux de durabilité et les stations de 4e génération 152
3. Patrimonialisation et conflits d'acteurs dans les contextes montagnards 155
3.1 La patrimonialisation des écosystèmes montagnards : périmètres protégés, AOC et loi Montagne 155
3.2 Les conflits d'acteurs sur la carte 156
3.3 Les risques en montagne : nature et mesures 158
Commenter un espace montagnard : l'exemple de Bourg-Saint-Maurice 162

6 Décrire et analyser les formes et aménagements littoraux 165
1. Les formes et milieux littoraux 166
1.1 Les effets de la marée, la houle et des courants marins 166
1.2 Les côtes rocheuses 169
1.3 Les côtes d'accumulation 170
2. La mise en valeur des littoraux 173
2.1 L'exploitation des ressources de la mer 173
2.2 La mise en tourisme des littoraux 177

2.3 Les aménagements portuaires industriels : empreinte spatiale, organisation et enjeux 184
3. Le développement des littoraux à l'épreuve de la durabilité 189
3.1 Risques et enjeux de durabilité 189
3.2 La protection des espaces littoraux 190
Commenter un espace littoral : l'exemple de Menton 193

7 Organiser un commentaire 197
1. Les invariants : introduction, transitions et conclusion, documents annexes 198
1.1 L'introduction 198
1.2 Transitions et conclusion 200
1.3 Utiliser les autres documents 200
2. Le plan classique 202
2.1 Principes d'organisation 202
2.2 Exemples 204
3. Le plan régional 211
3.1 Principes d'organisation 211
3.2 Exemples 212
3. Le plan thématique 218
3.1 Principes d'organisation 218
3.2 Exemples 219

8 Concevoir et réaliser des croquis 225
1. La construction de la légende 226
1.1 Rappel des règles de sémiologie graphique 226
1.2 Organisation de la légende 228
2. Réalisation des croquis et schémas 230
2.1 Exhaustivité et fidélité des figurés, clarté de la réalisation 230
2.2 Différents types de schémas et croquis 231
3. Exemples de croquis de synthèse 233
3.1 Croquis de synthèse d'un extrait de carte centré sur Longwy 233
3.2 Croquis de synthèse d'un extrait de carte centré sur Grenoble 234
3.3 Croquis de synthèse d'un extrait de carte centré sur Arcachon 235

Ressources 237

Introduction

1. Les épreuves de commentaire de carte topographique à l'université et aux concours

Le commentaire de carte topographique est un « classique » des études de géographie. Son maintien – même si les attentes ont évolué – dans les enseignements de géographie et les épreuves de concours depuis plus d'un demi-siècle s'explique aisément.

Il a pour objet l'un des emblèmes de la géographie : la carte. De plus, l'exercice reprend la démarche géographique en plaçant au centre de l'analyse un territoire spécifique. Enfin, le commentaire exige des étudiants une approche synthétique qui croise différents champs de la discipline : la géographie physique pour l'analyse des formes et des milieux, la géographie économique pour celle des activités, la géographie urbaine et l'aménagement des territoires pour celle des villes et des infrastructures, la géographie rurale pour l'analyse des espaces ruraux, la géographie sociale et culturelle pour l'identification des dynamiques sociales et l'analyse des pratiques et représentations…

C'est donc à la fois un mode d'évaluation des connaissances globales des étudiants et candidats et une mise en pratique de l'approche systémique qui domine aujourd'hui en géographie.

FOCUS : Quelle est la place du commentaire de carte topographique aux concours ?

Le commentaire de carte topographique est une épreuve pratiquée autant à l'écrit qu'à l'oral, et qui constitue tout ou partie de l'exercice suivant les concours.

• **Concours des grandes écoles**

– Écrit de la BEL option histoire-géographie : commentaire de carte au 1/25 000 à rédiger en 3 heures.

– Oral de l'ENS Lyon option sciences humaines spécialité histoire-géographie : commentaire de carte au 1/25 000 à préparer en 1 heure et à présenter en 20 minutes.

– Oral de l'ENS Lyon (B/L) option géographie : commentaire de carte au 1/25 000 à préparer en 1 heure et à présenter en 20 minutes.

– Oral du concours Agro-Veto (A BCPST) : commentaire de carte au 1/25 000 à préparer en 45 minutes et à présenter en 20 minutes.

• **Concours de l'enseignement**

– Écrit de l'agrégation de géographie : épreuve sur dossier au sein duquel se trouve fréquemment un extrait de carte topographique au 1/25 000 à rédiger en 7 heures.

– Oral de l'agrégation de géographie : épreuve de commentaire de documents géographiques au sein duquel se trouve fréquemment un extrait de carte topographique au 1/25 000 à préparer en 6 heures et à présenter en 30 minutes.

– Oral de l'agrégation d'histoire à l'oral : épreuve de commentaire d'une carte au 1/25 000 ou de documents géographiques à préparer en 6 heures et à présenter en 25 minutes.

L'épreuve de commentaire de carte topographique a cependant largement évolué depuis les années 1950 : le support principal est aujourd'hui le plus souvent constitué par un extrait de carte au 1/25 000 qui s'accompagne d'un ou plusieurs documents d'appui.

Cet ouvrage se propose donc d'apporter les connaissances scientifiques et méthodologiques nécessaires au commentaire de carte topographique, et cela dans l'esprit des épreuves telles qu'elles sont aujourd'hui passées par les étudiants et candidats. C'est la raison pour laquelle ce manuel prend soin d'identifier et de définir le vocabulaire spécifique à utiliser par les étudiants dans les différents développements du commentaire, car comme le notait le Rapport 2015 du jury de géographie de l'ENS Lyon : « *toute carte topographique doit être commentée en employant les termes disciplinaires les plus précis et adéquats* » ; ce que soulignait également le jury de l'oral agro-veto dans son rapport de 2014 : « *le jury attend des candidats qu'ils utilisent un vocabulaire précis, qu'ils comprennent le sens et fassent bon usage des notions et concepts qu'ils mobilisent* ».

Ce manuel propose également des conseils méthodologiques afin d'intégrer au mieux dans le commentaire des documents d'appui de natures variées car le « *document complémentaire qui accompagne systématiquement la carte topographique ne doit pas être négligé par les candidats* », mais plutôt « *être combiné pour développer quelques analyses plus fournies* ».

Enfin, les étudiants et candidats y trouveront une série de schémas, croquis et graphiques simples permettant d'illustrer facilement leur propos car « *le jury apprécie la présence d'illustrations adéquates. Qu'il s'agisse de croquis communaux, de croquis synthétiques, d'organigrammes, de tableaux ou de graphiques, ils bonifient la copie* ».

2. Le support du commentaire : la carte et sa légende

Pour commenter l'extrait de carte, le candidat dispose toujours de l'échelle de la carte ainsi que d'une légende fournie par l'IGN.

Sur une carte au 1/25 000, 1 cm correspond à 250 m en réalité, si bien qu'1 km en réalité est représenté par 4 cm. La taille des cartes et donc l'étendue représentée sont variables. Mais pour l'épreuve écrite de la BEL, l'extrait proposé étant toujours au format A2, soit 42 cm x 59,4 cm, il représente donc une surface de 150 km². Bien qu'elles ne soient plus systématiquement mises à jour par l'IGN depuis 1989, les cartes au 1/50 000 sont également souvent utilisées comme carte principale ou document d'appui. Et sur la carte au 1/50 000, 1 cm correspond à 500 m en réalité, si bien qu'1 km en réalité est représenté par 2 cm.

L'IGN fait figurer la date à laquelle les données ont été recueillies – et éventuellement mises à jour – pour réaliser la carte à la fin de la légende.

Les figurés et les abréviations utilisés par l'IGN sont communs à l'ensemble de leurs cartes, quelle que soit l'échelle[1]. La légende d'une carte IGN recense les figurés utilisés qui peuvent être des traits de différentes épaisseurs, des figures géométriques de formes, tailles et couleurs diverses, des aplats de différentes couleurs et des toponymes à la police et au gabarit variables.

1. La **liste des abréviations les plus courantes de l'IGN** est disponible en ligne à l'adresse : http://goo.gl/ZSs4tU

FOCUS : À quoi correspondent les couleurs et les gabarits des figurés de l'IGN ?

• **Les figurés**

– Le **bistre (orange)** est surtout utilisé pour les courbes de niveau et leur altitude, les routes secondaires et les frontières nationales.

– Le **bleu** est utilisé pour tout ce qui est lié à l'eau : douce ou salée, stagnante, courante ou gelée, artificielle ou naturelle… Il est donc utilisé pour les cours d'eau, la mer, les glaciers, les canaux, les marécages, les étangs, mais aussi par extension les lignes bathymétriques, les rizières et les informations touristiques liées à la mer ou la neige. La seule exception à cette règle est l'utilisation du bleu pour les bâtiments industriels et agricoles.

– Le **vert** est utilisé pour tout ce qui est lié à la végétation permanente : forêts, broussailles, haies, parcs urbains, limite de parcs et réserve naturels, vergers… Mais aussi par extension les équipements du tourisme vert.

– Le **noir** est utilisé pour différents figurés : les limites administratives, les chemins, les espaces bâtis (bâtiments, serres, terrains de sports, monuments religieux…), les voies ferrées, les lignes à haute tension…

– D'autres couleurs sont utilisées de manière plus limitée. Le **rouge** pour les routes principales, le **jaune** pour les petites routes et les bâtiments commerciaux, le **rose** pour les renseignements touristiques.

– Les espaces en **blanc** ne correspondent pas à du « rien ». Tout ce qui est en blanc correspond à des terres labourées avec cultures permanentes (sans cependant donner d'indication sur le type de culture pratiqué) ou des pelouses.

• **Les toponymes**

Ils sont presque toujours indiqués en **noir** (les noms de cours d'eau et de certains lieux-dits côtiers sont en bleu), mais leur gabarit et leur police varient. Les toponymes désignant des lieux habités sont indiqués en caractères droits, tandis que ceux désignent les forêts et les lieux-dits non habités sont en *italiques*. Le gabarit de l'écriture varie suivant l'importance du toponyme : par exemple les communes de plus de 5 000 habitants sont indiquées en majuscules, celles de moins de 5 000 habitants en minuscules.

Enfin, les toponymes de communes sont accompagnés de leur statut administratif : PF pour préfecture, SP pour sous-préfecture, CT pour chef-lieu de canton, C pour commune. Et ils sont accompagnés du nombre d'habitants que comptait la commune au recensement précédant la réalisation de la carte. Ce chiffre est exprimé en millier : 0,4 pour 400 habitants, 1 100 pour 1,1 million d'habitants.

3. Commenter une carte : une démarche faussement inductive

Le commentaire de carte topographique correspond le plus souvent, à l'université comme aux concours, à une épreuve pratiquée en temps très limité. Il est donc crucial d'acquérir des méthodes permettant d'optimiser le temps de préparation ou de rédaction. La bonne connaissance des territoires français métropolitains et ultramarins, la maîtrise des termes et notions géographiques à mobiliser, ainsi que l'entraînement sont évidemment des facteurs déterminants de réussite. Mais il est aussi essentiel de ne pas attendre que la carte « parle ». La démarche du commentaire de carte n'est pas inductive.

1. Le temps initial d'observation de la carte doit permettre d'identifier la ou les principales spécificités de la carte (entre 2 et 4) et de la classer dans un type de carte déjà étudié : carte d'espace rural en déprise, carte de vignoble, carte de littoral balnéaire, carte de vallée fluviale, carte d'espace périurbain, carte de moyenne montagne méditerranéenne…

2. Ensuite, plutôt que de glaner des éléments susceptibles d'être intéressants, il s'agit de rechercher activement les éléments qui caractérisent un phénomène précis que l'on sait ou s'attend à trouver sur l'extrait comme des modelés glaciaires, les formes karstiques, les stations de sport d'hiver de différentes générations, les infrastructures transfrontalières, le système agricole de plantation… L'observation de la carte en espérant voir des éléments de commentaire émerger de la foule de détails représentés par l'IGN fait perdre un temps précieux. Les dynamiques et les phénomènes se cherchent sur une carte, ils ne viennent pas tous seuls au candidat. Il est donc crucial d'avoir une approche dynamique et inquisitrice de la carte et non une attitude contemplative et passive.

Ainsi, tous les éléments de la carte ne se commentent pas ; d'une part parce que le temps manquerait, d'autre part parce que le commentaire s'organise à partir d'une problématique qui questionne les spécificités, les logiques et les enjeux du territoire représenté. Un commentaire ne vaut pas par son exhaustivité mais par la pertinence des éléments retenus et expliqués. Certains éléments représentés systématiquement par l'IGN ne sont presque jamais discriminants et donc ne méritent pas d'être commentés. D'autres, en revanche, et c'est ceux-là que répertorie et précise ce manuel, nécessitent d'être relevés, cités, décrits et intégrés à l'argumentation.

FOCUS : Quels sont les éléments cartographiés généralement inutiles à commenter ?

Anciennes mines : très fréquentes, à noter seulement si la densité est forte comme dans les anciennes régions minières, métallurgiques ou sidérurgiques.
Aérodromes : à ne pas confondre avec les aéroports, ne donnent pas d'indication sur l'accessibilité d'un territoire.
Bassins de lagunage : type d'usine de traitement des eaux.
Casernes : présentes dans la plupart des villes françaises, à noter seulement si elles ont une emprise au sol remarquable ou si elles sont particulièrement nombreuses sur l'extrait.
Châteaux d'eau : très fréquents lorsque la topographie est plane, ils permettent d'assurer une pression minimale au réseau de distribution de l'eau.
Chemins vicinaux : très fréquents, ne donnent aucune indication sur la taille et la forme des parcelles agricoles.
Cliniques : très fréquentes, à noter seulement si elles sont particulièrement nombreuses.
Coordonnées ou carroyage : chiffres qui figurent en bordure de la carte, à ne pas utiliser dans le commentaire. La localisation des éléments cités se fait grâce aux points cardinaux et aux principaux toponymes de la carte (par exemple : au nord-ouest de Chaille-les-Bains, au sud de Triffouillis-les-Oies...).
Déchetteries : très fréquentes, à noter uniquement si elles constituent une nuisance importante pour des habitations proches.
Écoles : présentes dans la plupart des communes françaises.
Églises : présentes dans la plupart des communes françaises.
Mairies (éventuellement annexe) : présentes dans toutes les communes françaises.
Maisons de retraite : présentes dans la plupart des communes françaises.
Maisons forestières : présentes dans la plupart des forêts domaniales françaises, ne donnent aucune indication sur la fonction de la forêt.
Moulins : très fréquents, ne donnent aucune indication sur la culture de céréales.
Postes de gaz : bornes de redistribution de gaz de ville.
Postes électriques : très fréquents, ne donnent aucune indication sur la production électrique.
Puits de pétrole : plus aucuns exploités en France.

- **Routes** (plus petites que les nationales) : très fréquentes, ne donnent que peu d'indication sur l'accessibilité d'un territoire.
- **Stations de pompage :** très fréquentes.
- **Temples :** fréquents, le plus souvent il s'agit de temples protestants (non de temples gréco-romains).
- **Usines de traitement des eaux :** présentes dans la plupart des communes françaises, c'est une obligation légale.

3. Enfin, suivant la ou les spécificités de la carte, et les éléments relevés sur l'extrait permettant de les décrire et les expliquer, on peut chercher à formuler une problématique générale et à organiser l'argumentation en deux ou trois grandes parties.

4. Principes et étapes du commentaire

Quels que soient la problématique et le plan de commentaire adoptés, un certain nombre de principes doivent être respectés et certaines étapes apparaître. Deux principes sont à retenir.

Le premier tient à la nature de l'exercice : par définition, un commentaire n'est ni une dissertation ne mobilisant que des connaissances extérieures à l'extrait de carte, ni une description simple ou un inventaire des éléments représentés. Pour le dire de manière triviale, un commentaire – et le commentaire de carte n'échappe pas à cette règle – c'est donc 50 % de description et 50 % de connaissances.

Le deuxième principe est celui d'une démonstration ancrée dans le territoire analysé. Le commentaire part d'un relevé et d'une description précis des éléments figurant sur la carte ou le(s) document(s) complémentaire(s) pour les expliquer par des connaissances extérieures, et les intégrer à l'argumentation. Ce mouvement de va-et-vient entre la carte et le(s) document(s) d'appui, et ensuite des explications doit être respecté tout au long du commentaire. Par exemple, il est vivement déconseillé de consacrer une première partie à la description factuelle des éléments identifiés comme pertinents, puis de dédier les deuxième et éventuellement troisième parties à un exposé des facteurs explicatifs et des enjeux du territoire représentés sans plus faire référence à l'extrait de carte.

Le commentaire de carte présente également quelques étapes incontournables. En effet, s'il est possible de faire varier leur longueur en fonction de la richesse de la carte, le commentaire ne peut faire l'impasse sur :

- des *précisions introductives* : la localisation de l'extrait à différentes échelles ; la nature, la source et la date des documents commentés (l'extrait de carte et le document d'appui) ; et l'identification des grands ensembles topographiques et paysagers de la carte ;
- la description des *formes de relief et de l'hydrographie* en employant à bon escient une terminologie précise et spécifique. Un plateau, une plaine ou une rivière dans le langage commun n'en sont pas forcément dans le cadre de la description topographique ;
- la description des *formations végétales et des paysages ruraux* ;
- la description du *peuplement et des formes urbaines* ;
- la description des *activités économiques* ;
- la description des *axes de communication et autres infrastructures logistiques.*

Ce manuel a pour objectif de préciser la manière de faire ces descriptions – les termes spécifiques à employer, les facteurs explicatifs à mobiliser – et de présenter les enjeux qu'elles révèlent. Les 6 premiers chapitres sont consacrés à ces descriptions et à leurs mises en perspective. Les 2 derniers présentent des exemples : plans de commentaire et croquis de synthèse.

Chapitre 1

Décrire les formes topographiques et les réseaux hydrographiques

Objectifs

- Comprendre l'agencement des grands ensembles topographiques.
- Repérer et nommer les différentes formes de relief représentées sur la carte.
- Décrire chacune des formes en mobilisant un vocabulaire spécifique.

La description topographique est une étape incontournable du commentaire de carte. Cela ne signifie pas que la description des reliefs soit toujours cruciale pour comprendre les dynamiques d'un espace, ni déterminante dans le déroulement de l'argumentation. Mais, quelle que soit l'ampleur qu'on lui accorde, elle ne peut être éliminée ni même rapidement expédiée. Et dans l'organisation du propos, la description topographique précède traditionnellement les autres réflexions (paysages, végétation, peuplement, activités…).

1. Les formes topographiques simples

1.1 Altitudes et pentes : interpréter les courbes de niveau

Lire la topographie revient à interpréter les courbes de niveau[1] présentes sur toutes les cartes topographiques. On appelle courbes de niveau les lignes bistres (oranges) qui relient entre eux tous les points situés à la même altitude, c'est-à-dire les lignes altimétriques ou isohypses, et les lignes bleues qui relient entre eux tous les points situés à la même profondeur, c'est-à-dire les lignes bathymétriques ou isobathes. Ce sont elles qui permettent de passer des 3 dimensions du réel aux 2 dimensions de la carte.

Qu'il s'agisse d'isohypses ou d'isobathes, ces lignes sont équidistantes, c'est-à-dire que le passage d'une courbe de niveau à la suivante correspond à une même différence d'altitude. L'équidistance des courbes bathymétriques n'est pas toujours la même : suivant la profondeur des fonds, deux courbes peuvent être séparées de 5, 10, 50 ou même 100 mètres. En revanche, entre 2 courbes altimétriques l'équidistance varie moins :

– *pour les cartes au 1/25 000* : l'équidistance est de 5 mètres lorsque les dénivelés sont faibles, avec parfois même des courbes supplémentaires représentées en pointillés tous les 2,5 mètres lorsque le relief est particulièrement peu accidenté, et de 10 mètres lorsque les dénivelés sont forts, c'est-à-dire en montagne ;
– *pour les cartes au 1/50 000* : l'équidistance est de 10 mètres lorsque les dénivelés sont faibles et de 20 mètres lorsque les dénivelés sont forts, c'est-à-dire en montagne.

Une ligne altimétrique sur 5 est représentée en gras et est interrompue par un chiffre d'altitude : c'est une courbe maîtresse. Lorsque les dénivelés sont faibles, il y a donc 25 mètres (1/25 000) ou 50 mètres (1/50 000) entre 2 courbes maîtresses, et lorsque les dénivelés sont forts, il y a 50 mètres (1/25 000) ou 100 mètres (1/50 000) entre 2 courbes maîtresses.

1. Tous les termes indiqués en bleu dans le texte sont définis dans le **Glossaire** disponible en ligne à l'adresse : http://goo.gl/ZSs4tU

Figure 1.1 Espacements des courbes de niveau et profils de pente

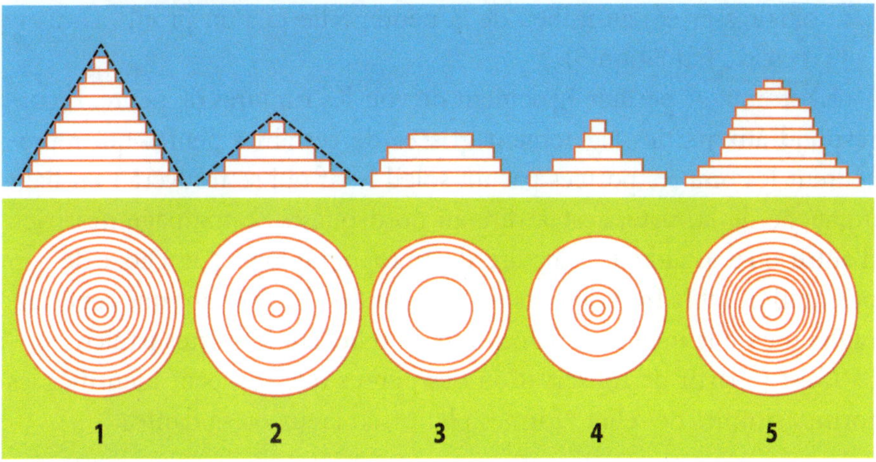

On ne commente pas les courbes de niveau en tant que telles. En revanche, la description topographique doit rendre compte, grâce aux courbes de niveau :

– des *ruptures de pente* : plus les courbes de niveau sont espacées et plus le territoire représenté est plan. Lorsque les courbes de niveau se resserrent, cela indique une rupture de pente, c'est-à-dire que la pente s'accentue. Plus les courbes de niveau sont resserrées, plus la pente est raide. Sur la figure 1.1, les courbes de niveau sont plus rapprochées sur la situation 1 que sur la situation 2, ce qui signifie que la pente de la situation 1 est plus forte que celle de la situation 2 ;

– de la *vigueur de la pente* : pour calculer précisément la différence d'altitude entre le haut et le bas de la dénivellation, c'est-à-dire connaître son commandement, il suffit de soustraire l'altitude de la base de la pente à celle du sommet de la pente. L'altitude est visible avec les courbes de niveau, mais aussi avec les points d'altitude régulièrement indiqués en chiffres noirs sur la carte. Sur la figure 1.1, l'altitude sommitale est de 45 mètres et l'altitude basale de 10 mètres, donc le commandement s'établit à 45-10 = 35 m ;

– du *profil de la pente* : pour juger de la régularité de la pente, il faut s'intéresser à la manière dont les courbes de niveau se resserrent. Si elles se resserrent mais restent espacées de la même distance, la pente a un profil régulier (situations 1 et 2 sur le schéma). Si elles sont davantage resserrées au sommet, la pente a un profil concave (situation 4). Si elles sont davantage resserrées à la base, la pente a un profil convexe (situation 3). Enfin, si les courbes de niveau sont plus resserrées au milieu de la pente, celle-ci a un profil convexo-concave (situation 5).

L'estompage permet également de voir les ruptures de pente. Il correspond aux parties légèrement grisées de certaines pentes qui représentent les ombres portées par un soleil fictif qui se trouverait en haut à gauche de la carte, c'est-à-dire au nord-ouest. L'estompage n'est rien d'autre qu'une aide à la lecture de la topographie, et le choix de son orientation est le fruit de tests réalisés par l'IGN prouvant que cet éclairage procure la meilleure perception du relief sur les cartes papier.

C'est à partir de l'observation des pentes que l'on peut identifier les formes simples de relief : formes planes, en creux ou saillantes.

1.2 Les formes planes et en creux : plaine, plateau et vallée

Lorsque tout ou partie de l'extrait de carte représente un espace plan, c'est-à-dire que les courbes de niveau sont largement espacées et que l'on n'observe que de faibles variations d'altitude, il peut s'agir soit d'un plateau soit d'une plaine. Comment les différencier et comment les commenter ?

• Les plaines

Une plaine est un vaste espace plan (au moins une dizaine de km^2) plus ou moins accidenté sur lequel le réseau hydrographique coule à fleur de sol. Sur la carte, les rivières et fleuves sont donc représentés à la même altitude que le reste de la plaine. La plupart des plaines en France sont très faiblement inclinées. Une plaine peut ne concerner qu'un territoire réduit, comme elle peut s'étendre sur une région entière.

Où trouve-t-on les principales plaines en France ?

- On rencontre de très nombreuses plaines en France, mais les principales sont situées à proximité des littoraux comme la plaine aquitaine, la plaine du Languedoc ou la plaine des Flandres. Mais aussi aux abords des grandes vallées fluviales comme la plaine dauphinoise à l'est du Rhône ou la plaine d'Alsace à l'ouest du Rhin.
- La plaine de la Limagne en Auvergne fait exception : elle n'est ni proche d'un fleuve ni d'un littoral, mais en plein Massif central; elle tire son origine d'une géomorphologie spécifique (un fossé d'effondrement).

Comment commenter une plaine ?

Décrire :

1. ses **limites**, si elles sont visibles sur l'extrait de carte ;
2. son **altitude** moyenne ;
3. sa **pente** qui peut être subhorizontale ou faible en précisant dans quelle partie de l'extrait on trouve les plus hautes et les plus basses altitudes (donner des indications chiffrées) ;
4. sa **surface** qui peut être uniforme, plus ou moins vallonnée, ou même accidentée ;
5. son **humidité** : elle peut être sèche, humide ou même marécageuse.

• Les plateaux

Un plateau est également un vaste espace plan (au moins une dizaine de km^2), plus ou moins accidenté, mais sur lequel le réseau hydrographique s'encaisse plus ou moins profondément dans des vallées. Sur la carte, les rivières et fleuves sont donc représentés à une altitude inférieure à celle du reste du plateau. Les parties planes du plateau qui se trouvent entre deux vallées sont appelées des interfluves.

Les plateaux sont caractérisés par une partie plane, le revers ou la table, constituée par l'ensemble des interfluves. Et cette partie plane est limitée par une partie plus pentue, le talus ou le front du plateau. Des plateaux peuvent se dominer les uns les autres : on parle alors de plateaux étagés (*cf.* figure 1.3).

Où trouve-t-on les principaux plateaux en France ?

- Les plateaux sont fréquents en France, mais la principale région de plateaux est le Bassin parisien dans lequel s'encaissent la Seine et ses affluents.
- On rencontre également de vastes plateaux en position de piémont : les marges du Massif central sont également constituées de vastes plateaux comme le Larzac, les Causses et le Plateau des Millevaches, ou encore le Plateau du Lannemezan en position de piémont pyrénéen. Et la partie centrale du Vercors, appelée les Hauts-Plateaux, peut être interprétée comme un plateau d'altitude.

Comment commenter un plateau ?

Décrire :

1. ses **limites**, si elles sont visibles sur l'extrait de carte ;

2. sa **table ou son revers** : son altitude moyenne ; sa pente qui peut être sub-horizontale ou faible en précisant dans quelle partie de l'extrait l'on trouve les plus hautes et les plus basses altitudes (donner des indications chiffrées) ; sa surface qui peut être uniforme, plus ou moins vallonnée, ou même accidentée ; ses interfluves qui peuvent être plus ou moins large et plats ou bombés ; son humidité ;

3. son **talus ou front** : l'orientation de son regard ; son commandement ; son tracé qui peut être rigide, sinueux, festonné ou même lacéré ; la vigueur de la pente ; le profil de la pente.

• Les vallées

Les cours d'eau coulent toujours à fleur de sol au fond des vallées. Certaines correspondent à un vaste espace plan, comme c'est souvent le cas des grandes vallées fluviales. D'autres, au contraire, constituent une forme en creux, encadrée par des versants plus ou moins abrupts. Les vallées s'encaissent dans les plateaux, séparent les chaînons d'un massif montagneux ou occupent un sillon structural. Les versants des vallées sont souvent dissymétriques. Cela peut s'expliquer par l'inégale résistance des roches qui composent les versants. Mais cela peut également s'expliquer par l'érosion différentielle selon la force du courant. Comme le montre la figure 1.2, l'eau coule plus vite à l'extérieur d'une courbe, si bien que l'érosion est plus intense sur la rive externe des courbes et plus encore des méandres. D'où des versants internes aux pentes plus douces et régulières que celle des versants externes.

Figure 1.2 L'érosion différentielle des rives d'un méandre

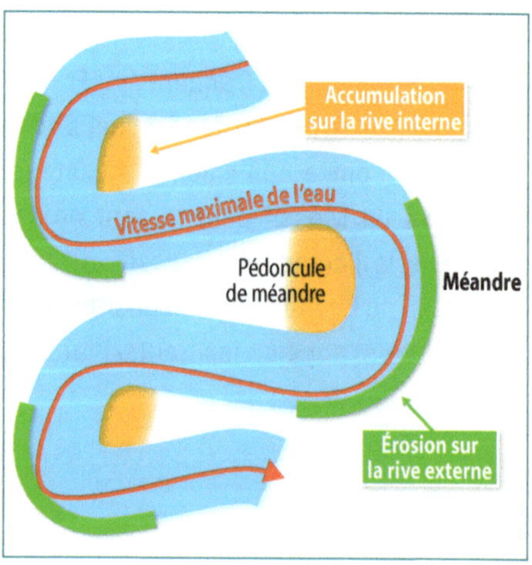

Où trouve-t-on les principales vallées en France ?

• On rencontre en France autant de vallées que de cours d'eau : elles sont donc fort nombreuses. On peut les observer à toutes les échelles : de la petite vallée du ruisseau intermittent à la vaste vallée de la Loire.

• Certaines vallées s'encaissent dans les plateaux, comme celle de la Seine dans les plateaux du Bassin parisien, ou celle du Tarn qui s'encaisse en gorges dans les Causses. D'autres séparent les chaînons d'un massif montagneux, comme, dans les Alpes, la vallée de l'Arc qui est appelée la vallée de la Maurienne, ou celle de l'Isère qui est appelée la Tarentaise. D'autres, enfin, occupent un couloir structural comme le Rhin ou le Rhône.

Comment commenter une vallée ?

Décrire :

1. son **orientation générale** (méridienne, longitudinale, sud-ouest/nord-est, nord-ouest/sud-est…) ;
2. son **altitude moyenne** ;
3. sa **pente** qui peut être subhorizontale, faible ou forte en précisant dans quelle partie de l'extrait on trouve les altitudes les plus hautes et les altitudes les plus faibles (donner des indications chiffrées) ;
4. son **tracé** qui peut être rectiligne, sinueux ou à méandres ;
5. son **fond** qui peut être uniforme, plus ou moins vallonné, ou même accidenté ; et qui peut être en gorge, étroit, plat ou même surdimensionné par rapport au cours d'eau qui s'y écoule ;
6. son **humidité** qui peut être faible, limitée ou forte ;
7. la pente, le commandement et l'éventuelle dissymétrie de ses **versants**.

Figure 1.3 Schéma récapitulatif des formes planes : plaine, plateaux et vallées

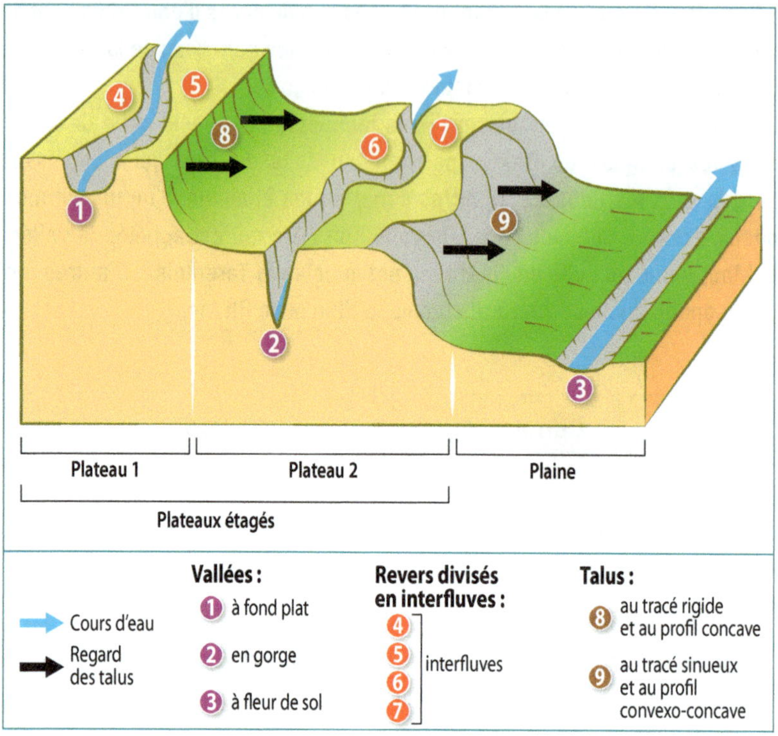

1.3 Les formes saillantes

La carte peut présenter des reliefs saillants d'échelle très variable. Des modestes collines du Perche en Normandie à la vigoureuse Aiguille du Midi en Haute-Savoie en passant par la Roche de Solutré en Bourgogne, les formes topographiques saillantes sont à la fois très nombreuses et très diverses.

• Buttes, collines et mamelons

Les buttes, collines et mamelons sont des reliefs ponctuels, de forme généralement ovoïde, et dépassant rarement les 500 mètres de commandement. La différence entre ces reliefs réside dans la forme du sommet et la pente des versants :

– une colline a un sommet arrondi et des versants en pente douce ;
– une butte est dotée d'un sommet plat et de versants raides ;
– le mamelon présente un sommet pointu et des versants en pente douce.

On peut ajouter à ces formes la croupe qui présente, elle, une forme plus allongée, des versants en pente douce.

Où trouve-t-on des buttes, collines, mamelons… en France ?

- Il n'y a pas de région particulièrement marquée par ce type de relief, même si certains toponymes reprennent ces termes comme les Collines sous-vosgiennes dans la région de Colmar. On trouve partout en France des collines, buttes et mamelons qui viennent vallonner les plaines et plateaux.
- Par définition, ces formes modérées ne sont absentes que de la moyenne et haute montagne.

Comment commenter les buttes, collines, mamelons… ?

Décrire :

1. leur **localisation** précise ;
2. leur **fréquence** : elles peuvent être isolées, rares ou nombreuses ;
3. leur **altitude** sommitale et leur **commandement** ;
4. la forme de leur **sommet** ;
5. l'ampleur et la forme de la **pente** de leurs **versants**.

• Massif et chaînons

Les formes saillantes plus amples (plusieurs kilomètres de longs) et vigoureuses (plus de 300 à 500 mètres d'altitude) constituent des chaînons. Lorsqu'il n'y a qu'une seule ligne de crête, on parle d'un bourrelet ou d'un chaînon. Lorsqu'il y a plusieurs lignes de crêtes, on parle de massif. On parle de montagne lorsque l'altitude sommitale dépasse les 500 à 600 mètres.

Où trouve-t-on des chaînons et massifs montagnards en France ?

Les chaînons peuvent être d'échelle variable et sont donc très fréquents. En revanche, la France possède un nombre limité de massifs en métropole (Alpes, Massif central, Massif de Corse, Jura…) et en Outre-mer (Montagne Pelée, Massif du Piton de la Fournaise, Massif de la Soufrière…) sur lesquels on reviendra en traitant plus particulièrement des espaces montagnards.

Attention ! Ne pas considérer comme des massifs montagneux des régions de plateaux vallonnés qui portent des noms suggestifs tels que la Montagne de Reims, le Massif armoricain, le Massif des Ardennes ou les Alpes mancelles. Ce serait une erreur du point de vue topographique.

Comment commenter un chaînon ?

Décrire :

1. sa **localisation** précise ;
2. son **altitude** sommitale et son **commandement** ;
3. sa **forme** générale qui peut être rigide, sinueuse, en fer à cheval… ;
4. la forme de son **sommet** qui peut être plane, arrondie, escarpée… ;
5. l'ampleur et la forme de la pente de ses **versants**.

Comment commenter un massif ?

Décrire :

1. le **nombre de chaînons** qui le compose ;
2. leur **organisation** qui peut être anarchique, alignée, parallèle, en croix… ;
3. les **altitudes** sommitales ;
4. la forme de leurs **sommets** ;
5. l'ampleur et la forme des **vallées** qui séparent les chaînons.

2. Les formes topographiques spécifiques

Au-delà des formes simples que l'on observe sur toutes les cartes, certains extraits font apparaître des reliefs spécifiques liés à des phénomènes plus ponctuels tels que le volcanisme ou l'érosion glaciaire ou karstique. Les formes spécifiques s'observent à toutes les échelles : certaines sont de l'ordre du mètre tandis que les plus amples peuvent s'étendre sur plusieurs kilomètres. Après avoir décrit les grands ensembles topographiques en commentant les formes simples, il convient de décrire les formes spécifiques, c'est-à-dire les identifier sur l'extrait, d'en donner les caractéristiques et de les expliquer.

2.1 Les formes glaciaires héritées et vivaces

Les formes glaciaires sont les reliefs liés à la présence actuelle ou passée d'importantes masses glaciaires. L'eau, les masses de glace et le gel sont des agents érosifs puissants qui marquent profondément la topographie et les paysages de moyenne et haute montagne. Les formes glaciaires sont dites vivaces lorsqu'il y a encore des glaces permanentes, et héritées lorsque la glace a fondu il y a quelques années, quelques siècles ou des dizaines de millénaires.

Les reliefs glaciaires que l'on peut identifier aujourd'hui sont pour l'essentiel hérités des dernières glaciations du Riss (il y a environ 120 000 ans) et du Würm (environ 40 000 ans).

• Les formes glaciaires vivaces

Les formes glaciaires vivaces sont visibles là où la glace est permanente, c'est-à-dire les formes formées par ce que l'on appelle les neiges éternelles. Elles sont pour la plupart dessinées en bleu, car ce sont des reliefs formés par de la glace donc de l'eau. L'ensemble des formes glaciaires vivaces possibles ne figurent qu'exceptionnellement sur un même extrait, il faut donc observer la carte pour repérer lesquelles sont présentes.

Les principales formes glaciaires vivaces à repérer sur une carte sont :

- les glaciers de cirque : ils occupent une cuvette et sont dominés par un amphithéâtre de crêtes rocheuses ;
- les glaciers de plateau : ils occupent des surfaces pas ou peu entourées de crêtes rocheuses ;
- les langues glaciaires qui partent des sommets pour rejoindre les vallées. Elles sont constituées en amont d'une zone d'alimentation où se forme la glace et qui est souvent un glacier de cirque, et en aval d'une zone d'ablation où la glace s'interrompt ou recule. Le recul récent d'un glacier ou d'une langue glaciaire est représenté par l'IGN par un aplat jaune. Certains effets du réchauffement climatique sont donc visibles sur les cartes topographiques (on reviendra sur la question au chapitre 5) où l'on voit de plus en plus de glaciers ou langues glaciaires dont la surface a été fortement réduite, devenant ainsi des glaciers reliques ;
- les glaciers coalescents : ils correspondent à deux glaciers adjacents dont les langues glaciaires se rejoignent pour n'en former qu'une ;
- les cols de diffluence glaciaire : ils désignent l'endroit où un même glacier se sépare en différentes langues glaciaires ;
- les crevasses : ils sont représentés par de minces traits bleus sur la glace et correspondent aux principales crevasses. La première série

de crevasse située au bas de zone d'alimentation de la langue glacière est appelée la rimaye ;

- les moraines : elles désignent les fragments de roche éclatée qui tombent des versants sur la langue glacière. Les moraines latérales sont celles présentes de part et d'autre de la langue glaciaire, les moraines frontales sont celles que la langue glaciaire dépose au niveau de la zone d'ablation, et les moraines médianes sont celles qui apparaissent lorsque deux glaciers se rejoignent. Elles sont représentées par des traînées de pointillés irréguliers noirs sur ou devant les langues glaciaires ;
- les torrents sous-glaciaires sont les cours d'eau qui se forment sous un glacier ou une langue glaciaire et apparaissent juste après la zone d'ablation.

Où trouve-t-on des formes glaciaires vivaces en France ?

• Les territoires français dont la topographie est aujourd'hui encore marquée par des formes glaciaires vivaces sont peu nombreux, car une faible partie des massifs français atteignent de hautes altitudes (plus de 2 000-2 500 m).

• Les formes glaciaires vivaces se trouvent là où les neiges éternelles persistent, c'est-à-dire :

- au cœur du massif alpin, notamment dans le Massif du Mont-Blanc et le Massif de la Vanoise ;
- au cœur du massif pyrénéen comme dans le Massif du Vignemale ou le Massif du Cauteret.

• Les formes glaciaires héritées

Les formes glaciaires héritées sont moins facilement visibles que les précédentes car elles correspondent aux reliefs visibles une fois la glace fondue. Elles sont représentées sur les cartes IGN avec les mêmes figurés que n'importe quel autre accident topographique.

L'érosion glaciaire est une érosion différentielle : elle entraîne des phénomènes de surcreusement, c'est-à-dire que les creux sont accentués, les roches peu résistantes ou fragilisées sont fortement érodées, tandis que les saillants et les roches résistantes sont, eux, peu érodés. Comme pour les formes glaciaires vivaces, l'ensemble des formes glaciaires héritées possibles ne figurent qu'exceptionnellement sur un même extrait, il faut donc observer la carte pour savoir lesquelles sont présentes.

Les principales formes glaciaires héritées qu'il faut repérer sur une carte sont :

– les cirques en amphithéâtres glaciaires : ils correspondent aux cuvettes en forme de croissant d'amphithéâtre dominées par des crêtes rocheuses laissées par les glaciers de cirque ;
– les lacs glaciaires : ils occupent le fond des cirques glaciaires imperméabilisé par les moraines ;
– les vallées suspendues : il s'agit le plus souvent d'un cirque glaciaire qui surplombe de manière abrupte une autre vallée. Cette forte et brutale dénivellation entraîne la présence de torrents chutant souvent de la vallée suspendue à la suivante ;
– les croissants ou vallums morainiques : il s'agit d'un bourrelet rocheux constitué par les moraines frontales déposées à l'extrémité d'une ancienne langue glacière. Le plus souvent en forme de croissant de lune, ils peuvent boucher une vallée ou retenir un lac : on parle alors de lac de barrage morainique ;
– les auges glaciaires : sont des vallées anciennement occupées par un glacier ou une langue glacière. Elles ont une forme en U particulière : un fond plat, souvent surdimensionné par rapport au cours d'eau qui les occupe, et des versants assez raides et marqués par un replat à mi-pente que l'on appelle un épaulement. De plus, leur largeur est souvent variable car marquée par une alternance de parties resserrées appelées les verrous, et de parties évasées appelées les ombilics ;
– les horns : ils sont visibles dans la partie haute des massifs. Il s'agit de sommets ayant été puissamment érodés par d'anciens glaciers (sur 3 ou 4 faces) qui les ont taillés en pointe acérée. Ils portent souvent les toponymes d'aiguille (l'Aiguille du Midi dans le Massif du Mont-Blanc), de dents, de pic (Pic Gaspard en Oisans) ou de pointes (la Pointe de la Selle dans le Queyras).

Figure 1.4 Schéma de quelques formes glaciaires vivaces et héritées

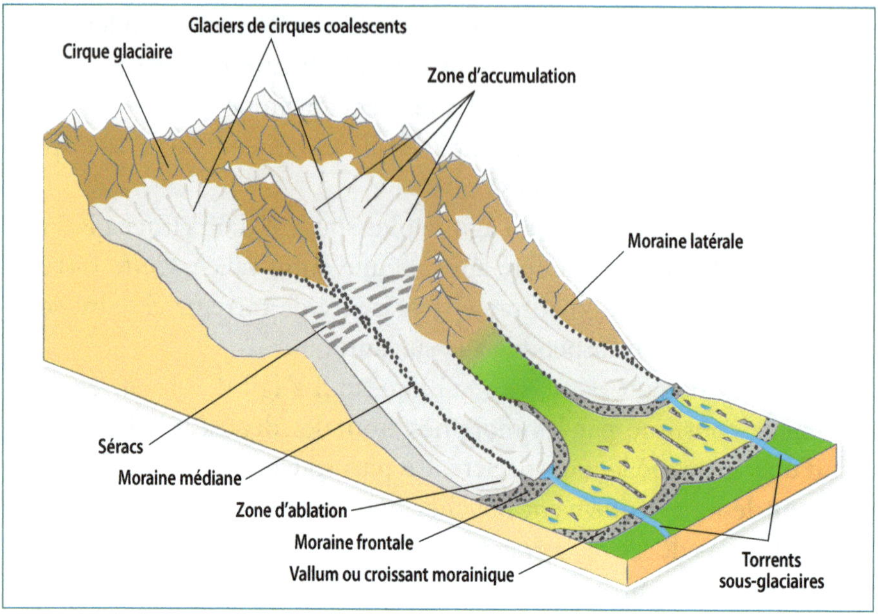

Où trouve-t-on des formes glaciaires héritées en France ?

- Les formes glaciaires héritées sont présentes en France dans les massifs montagneux ayant été affectés par les glaciations du Riss et du Würm. Si bien que, contrairement aux formes glaciaires vivaces, l'altitude n'est pas le principal critère.
- C'est l'englacement des massifs lors des dernières glaciations qui est déterminant. Un englacement qui a concerné des massifs septentrionaux peu élevés comme les Vosges, mais qui n'a pas toujours atteint les massifs méridionaux dont l'altitude est plus importante.
- Ainsi, les glaciers du Riss et du Würm ont recouvert les Vosges, le Jura, les Alpes jusqu'à Sisteron et la partie centrale des Pyrénées. Le Massif central, le Massif corse, les Alpes du Sud et évidemment les montagnes ultra-marines tropicales ne montrent pas de formes glaciaires vivaces ni héritées.

Comment commenter des formes glaciaires vivaces et héritées ?

• La description des formes glaciaires vivaces et héritées ne peut être exhaustive : il n'est pas question d'identifier tous les reliefs de la carte ayant une origine glaciaire, cela serait long et inutile à la démonstration.

• En revanche, après avoir affirmé que la topographie est marquée par des formes glaciaires vivaces et/ou héritées, on donnera un ou deux **exemples localisés** – parmi les plus manifestes – de chacune des formes identifiées.

2.2 Les formes karstiques

Le mot « karst » vient du Kras, une région de Slovénie où ce relief est particulièrement fréquent. Dans les reliefs karstiques, l'eau, plutôt que de couler en surface, s'infiltre dans le sous-sol constitué de roches calcaires. Le karst est donc le résultat de l'érosion des sols calcaires par l'action de l'eau sous forme liquide ou glacée. L'eau dissout le calcaire, ce qui donne lieu à des dépressions, crevasses et autres cavités visibles à grande comme à petite échelle.

• Les formes karstiques à grande échelle

Les formes karstiques visibles sur les cartes peuvent correspondre à des reliefs de taille réduite : les plus grandes sont de l'ordre du kilomètre, les plus petites de la dizaine de centimètres. Les principales formes karstiques à grande échelle à repérer sont :

- les dolines : petites dépressions fermées de forme généralement arrondie ayant le plus souvent quelques mètres de diamètre. Elles sont représentées par un figuré spécifique : un cercle avec une flèche qui pointe vers son centre en bistre. Leurs fonds sont généralement colmatés par les argiles de décalcification (les résidus de la dissolution chimique du calcaire) qui, en retenant l'eau, rendent ces surfaces fertiles et cultivables. Certaines dolines appelées lavognes sont aménagées en abreuvoir pour le bétail. Lorsqu'elles sont coalescentes, elles ont une forme moins régulière et sont alors appelées ouvala ou sotch ;
- les poljé : dolines de grande taille (quelques kilomètres de diamètre) qui ne sont pas représentés par le même figuré que les dolines. Les poljé apparaissent sur la carte comme n'importe quel creux topographique grâce aux courbes de niveau. Au centre des poljé apparaît parfois un hum, c'est-à-dire un petit monticule de dissolution calcaire ;

– les avens : gouffres de taille variable allant du simple trou dans la roche à une vaste cavité dont l'entrée est sèche ou immergée. Sur la carte, on note de nombreux toponymes régionaux pour les désigner : les igues dans le Quercy, les bétoires en Aveyron, les emposieux dans le Jura, les toumples en Provence, les scialets en Savoie et en Isère. Les plus célèbres en France sont le Gouffre de l'Œil doux dans les Pyrénées et le gouffre de Padirac ou l'aven Armand dans les Causses ;
– les lapiez (singulier lapiaz) : terme savoyard pour décrire les sols altérés par l'érosion karstique ;
– les ponors ou les pertes : endroits où un cours d'eau disparaît en s'infiltrant dans la roche calcaire. Le cours d'eau poursuit alors un cours souterrain. Il peut rejoindre une nappe phréatique ou bien réapparaître à quelques kilomètres à la faveur d'un accident de terrain. On parle alors de résurgence. Une des résurgences les plus célèbres est celle du Doubs dans le Jura à la source de la Loue, qui n'est donc pas une source au sens exact du terme.

Figure 1.5 Quelques figurés représentant des formes karstiques

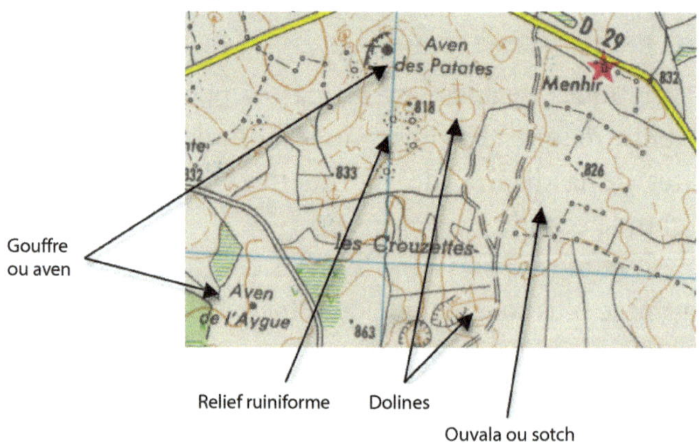

Source : Extrait de la carte IGN au 1/25 000 Gorges du Tarn 2640 OT, 2006.

• Les formes karstiques à petite échelle

Les formes karstiques visibles sur les cartes peuvent également correspondre à de puissants reliefs. Les principales formes karstiques à petite échelle à repérer sont :
– les canyons ou vallée en gorges qui entaillent profondément certains plateaux calcaires ;
– les reculées qui correspondent à des vallées en gorges le plus souvent allongées et étroites, parfois coiffées de corniches rocheuses et

qui se terminent en bout du monde, c'est-à-dire en cul-de-sac, par un cirque rocheux. Le site de la Source de la Loue se trouve par exemple au fond d'une reculée ;

– les vallées sèches qui sont des vallées où ne s'écoule plus d'eau car la rivière a disparu dans le sous-sol pour réapparaître le plus souvent par une résurgence en aval ;
– les reliefs ruiniformes qui désignent des roches ou parois rocheuses puissamment érodées et évoquant des paysages fantastiques dont un des exemples les plus célèbres en France est le site de Montpellier-le-Vieux, sur le Causse noir. Ces reliefs peuvent prendre l'allure d'amoncellements rocheux – on les appelle alors des chaos – ou de colonnes coiffées d'un chapiteau rocheux – on parle de demoiselles coiffées ou de cheminées de fée. Enfin, ces reliefs peuvent ressembler à des drapés ajourés et détachés du versant ou du talus, on les appelle des dentelles, comme les fameuses Dentelles-de-Montmirail.

Figure 1.6 Récapitulatif des principales formes karstiques

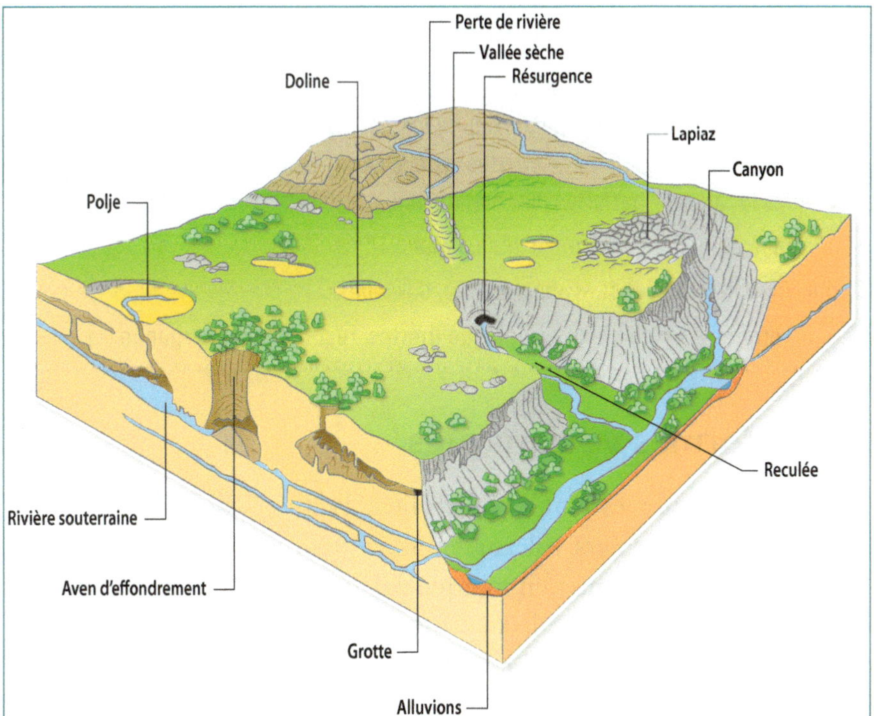

Source : SDAGE Rhône-Méditerranée-Corse, *Connaissance et gestion des ressources en eaux souterraines dans les régions karstiques*, 1999.

Où trouve-t-on des formes karstiques en France ?

• Les régions concernées par le karst sont nombreuses en France : des formes karstiques se rencontrent sur presque la moitié du territoire mais avec plus ou moins d'ampleur et de fréquence. On notera que l'eau née de la fonte des neiges est très riche en CO_2 et a donc un pouvoir dissolvant accru. Si bien que l'érosion karstique est particulièrement intense dans les massifs de moyenne et haute montagne calcaires.

• Les formes karstiques sont particulièrement nombreuses et monumentales :
– dans le Jura,
– dans les Alpes et plus particulièrement en Savoie, dans le Vercors et dans le Vaucluse,
– dans les Pyrénées et en particulier dans le Massif de la Clappe, dans le Massif d'Arbas et dans celui de la Pierre Saint-Martin,
– sur le pourtour méridional du Massif central et plus particulièrement dans les Causses, le Périgord, le Quercy et les Garrigues du Languedoc.

Comment commenter des formes karstiques vivaces et héritées ?

Comme pour les formes glaciaires, la description des formes karstiques ne peut être exhaustive. Si bien que, comme pour les formes glaciaires, après avoir affirmé que la topographie est marquée par des formes karstiques, on donnera un ou deux **exemples localisés** – parmi les plus manifestes – de chacun des modelés repérés :

1. à grande échelle (doline, polje, hum, lapiez…) ;
2. puis à petite échelle (canyons, reculée, dentelles…) ;
3. concernant le réseau hydrographique (pertes, résurgence, exurgence…).

2.3 Les formes volcaniques

Les formes volcaniques sont les reliefs liés à l'activité volcanique actuelle ou passée. Si les derniers volcans en activité en France se trouvent en Outre-mer, le volcanisme n'en marque pas moins un certain nombre de régions métropolitaines et ultramarines. La diversité des formes volcaniques tient à la fois aux différents types d'éruptions, mais aussi à l'érosion plus ou moins intense et plus ou moins ancienne qu'ont subie les reliefs nés de ces éruptions.

Suivant le type d'éruption, c'est-à-dire selon la nature du matériau (lave plus ou moins liquide, nuées ardentes, scories…) et la manière dont il est expulsé, les flancs du volcan et son cratère présentent des formes différentes. Un même volcan peut connaître différents types d'éruption au cours de son activité. Les vulcanologues identifient de nombreuses catégories d'éruption : en voici quelques-unes utiles à l'interprétation des cartes françaises.

• Les éruptions de type hawaïen et les formes héritées

Lors des éruptions de type hawaïen, une lave très basique déborde du cratère et s'écoule loin et longtemps. On parle d'éruptions effusives. Ce type d'éruption forme un cône assez régulier et surbaissé, c'est-à-dire plus large que haut.

Avec le temps, les coulées basaltiques qui constituent les versants sont attaquées par l'érosion qui dégage de polygones triangulaires séparés par des vallées en gorge : les planèzes. Lorsque les volcans aux éruptions de type hawaïen atteignent une taille importante (plusieurs kilomètres de diamètre) et que le réservoir magmatique est pour tout ou partie vidé, le sommet peut s'effondrer par gravité et être ainsi à l'origine d'une vaste dépression circulaire ou ovale entourée de falaises pouvant avoir plusieurs centaines de mètres de hauteur. On parle alors de caldeira (chaudron en portugais). Les principales caldeiras en France sont les cirques du Piton des Neiges (Cirques de Salasie, Mafaté et Cilaos) et l'Enclos Fouqué sur le Piton de la Fournaise à La Réunion, ainsi que le centre du Cantal dans le Massif central.

Lorsque les coulées se répandent au-delà des versants et se solidifient, la langue de lave ainsi formée est appelée cheire lorsqu'elle est ancienne, et pahoéhoé lorsqu'elle est fraîche. Ces formes dont les dimensions sont de l'ordre du kilomètre, sont repérables sur la carte car leur surface présente des aspérités visibles au tracé tremblé des courbes de niveau. Pour dater les coulées de lave d'une carte, il faut observer leur couverture végétale. Si la coulée n'est pas du tout végétalisée, il s'agit d'une coulée très récente (quelques mois à quelques années). Si la coulée est couverte de broussailles ou de forêt, c'est que la coulée est plutôt récente (quelques milliers d'années seulement) : le basalte n'a pas encore été altéré au point de donner un sol suffisamment fertile pour être cultivé. Si la coulée est occupée par des cultures, c'est que la coulée est ancienne. Par exemple, dans le Massif central, les sols basaltiques du Velay donnent une terre à céréales, tandis que dans la Chaîne des Puys, ne poussent sur les versants et les cheires que des arbres et des arbustes.

Les volcans à l'origine de l'île de La Réunion, de Mayotte, de la Martinique et de la Guadeloupe ont connu des éruptions hawaïennes créant des volcans très surbaissés appelés volcans-boucliers. Comme le montre la figure 1.7, dans certaines circonstances, un récif corallien se développe sur les flancs de l'île volcanique. On parle de récif frangeant. Au fil du temps, le volcan s'enfonce progressivement par subsidence, c'est-à-dire sous son propre poids. Un lagon apparaît alors entre l'île et le récif qui devient alors un récif-barrière. Lorsque le volcan s'est complètement enfoncé, il ne reste plus qu'un atoll corallien.

Figure 1.7 La formation des récifs coralliens

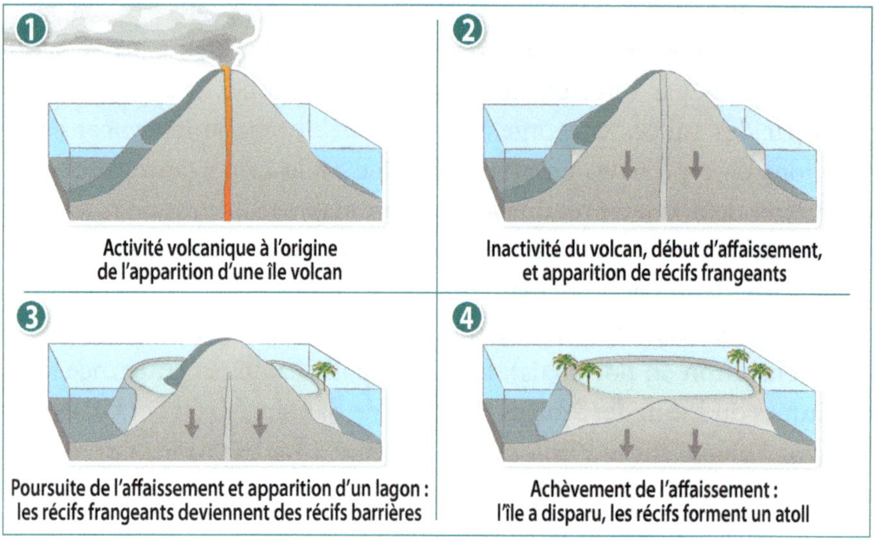

Source : USGS, http://pubs.usgs.gov/fs/2002/fs025-02/

Extrait : La dégradation des récifs coralliens à Mayotte

➤ *Ce document est un exemple de texte susceptible d'être choisi comme document d'appui à un extrait de carte de Mayotte.*

« Les récifs coralliens sont des communautés animales vivant en symbiose avec des algues microscopiques, les zooxanthelles. Ces dernières sont responsables de la couleur des coraux et leur assurent la plus grande partie de leur alimentation grâce à la photosynthèse.

Le blanchissement est consécutif à de brusques changements environnementaux facteurs de stress pour les coraux (exemples : la modification du taux de sel de l'eau de mer, des maladies, de trop fortes radiations UV ou encore l'augmentation des températures de surface de la mer). [...]

Le blanchissement peut-être temporaire (quelques jours) ou définitif, selon la durée et l'intensité du stress d'origine. Dans ce dernier cas, cela conduit à la mort de la colonie corallienne, avec des conséquences négatives multiples, tant sur le plan écologique (perte de diversité biologique, dysfonctionnement des écosystèmes…) que socio-économique (secteurs de la pêche, du tourisme…). La capacité des récifs à se régénérer par la suite (on parle de « résilience ») est très variable en fonction des espèces comme on a pu le constater à Mayotte après les épisodes de blanchissement de 1998 et 2010.

Depuis quelques années, les épisodes de blanchissement sont de plus en plus fréquents dans différentes régions du monde (Australie, Caraïbes, Asie du Sud-Est, océan Indien).

Indépendamment de facteurs locaux qui peuvent expliquer des blanchissements localisés, les phénomènes de blanchissement à l'échelle régionale ou mondiale sont induits principalement par une augmentation de la température de l'eau qui perdure dans le temps (1 ou 2 °C pendant quelques semaines par exemple). Les experts s'accordent aujourd'hui à dire que cette augmentation de température est liée notamment au réchauffement climatique. L'acidification des océans constitue une autre menace tout aussi inquiétante pour nos récifs puisqu'elle entraîne une baisse de la quantité d'aragonite dans l'eau, minéral indispensable aux coraux pour édifier leur squelette. »

Source : Parc naturel marin de Mayotte, communiqué du 7 mars 2016.

• Les éruptions de type strombolien et les formes héritées

Lors des éruptions de type strombolien sont expulsés à la fois du matériel clastique, c'est-à-dire des cendres et des scories (des débris de roche), et une lave très liquide. Ce sont donc des éruptions faiblement explosives ou même effusives. Cette alternance d'éruptions sous forme de cendres et sous forme de lave leur vaut aussi le nom de strato-volcan. Ces éruptions produisent un cône régulier car les projections, en retombant, se répartissent sur les versants. Les sommets correspondent à des cratères de forme ovale bien visibles car peu endommagés par les cendres et scories. Cependant, au cours des éruptions successives, de nouveaux cratères peuvent apparaître. Le(s) cratère(s) peut prendre différentes formes (*cf.* figure 1.8) :

- égueulé lorsque l'éruption a emporté une partie du versant (Puy de Salomon) ;
- adjacents ou jumeaux s'il y en a 2 côte à côte (Puy de Barme) ;
- emboîtés ou superposés lorsqu'ils sont l'un au-dessus de l'autre, laissant alors voir un atrium, c'est-à-dire une dépression en croissant entre les deux cratères (Puy de Côme).

Figure 1.8 Formes volcaniques héritées

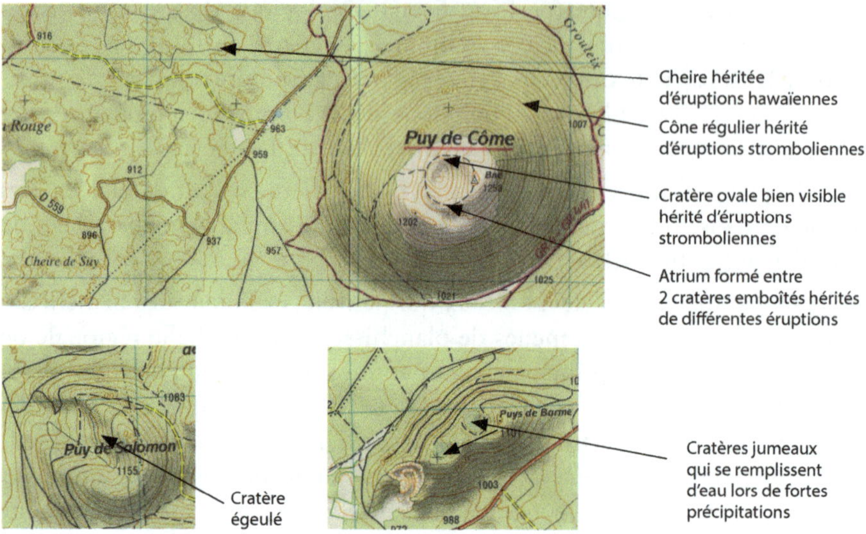

Source : Extraits de la carte IGN au 1/25 000 Chaîne des Puys 2531 ET, 1996.

• Les éruptions de type peléen et les formes héritées

Lors des éruptions de type peléen, la lave très acide se solidifie rapidement jusqu'à boucher la cheminée du volcan par des roches volcaniques. Ce sont des éruptions explosives. Si bien que les éruptions prennent deux formes et donnent une topographie très différente :

– des nuées ardentes causées par la libération des gaz sous pression piégés sous le bouchon de lave qui sont à l'origine de cône sans cratère visible, car les nuées et gaz endommagent peu les sommets. C'est notamment le cas du Puy de Dôme ;
– ou des explosions violentes de l'ensemble du volcan, à tel point qu'il peut ne rester de l'édifice qu'une cuvette appelée un maar (*cf.* figure 1.9).

Où trouve-t-on des formes volcaniques héritées en France ?

Les volcans éteints sont à l'origine des îles de Mayotte, La Réunion, la Guadeloupe et la Martinique. On y observe donc des formes volcaniques héritées. En métropole, les formes volcaniques héritées s'observent surtout dans et autour du Massif central :

– au centre du Massif central : la Chaîne des Puys, le Mont-Dore, le Cézallier, le Cantal et l'Aubrac ;
– à l'est du Massif central : le Devès, le Velay et le plateau du Coiron ;
– au sud du Massif central : l'Escandorgue.

Figure 1.9 Le récif frangeant et les maars de l'île de Petite Terre

Source : Extrait de la carte IGN au 1/25 000 Mayotte 4410 N, 1990.

• Les volcans encore actifs de la France ultramarine : le risque volcanique

Le risque volcanique est limité en France. La seule éruption catastrophique qu'ait connue le territoire national est celle de la Montagne Pelée en Martinique, en 1902, qui rasa la ville de Saint-Pierre. Des éruptions relativement modérées se produisent régulièrement à La Réunion, sans causer de dégâts matériels ou humains importants. Les trois volcans en activité à la Guadeloupe, la Martinique et La Réunion sont parmi les plus surveillés au monde.

Pour les populations, les principales menaces liées au volcanisme sont :

- les nuées ardentes, particulièrement meurtrières car extrêmement chaudes et rapides ;
- les coulées de boue également appelée lahars, qui peuvent recouvrir rapidement les terrains sous un mètre de boue ;
- et dans une moindre mesure, les chutes de débris rocheux, les glissements de terrains, les émanations de gaz toxiques et coulées de laves.

Les dégâts matériels constituent un enjeu économique : variables selon le type d'éruption, ils peuvent être très importants. Les nuées ardentes brûlent tout sur leur passage, les coulées de lave et de boue peuvent recouvrir plus ou moins rapidement des villes entières. Les cendres, en se déposant sur les bâtiments, peuvent les faire s'effondrer, et les glissements de terrain, selon leur ampleur, peuvent détruire un village, un quartier ou une ville entière. L'évacuation des populations peut également engendrer des pertes de production et ainsi affecter l'économie locale.

L'étude de l'histoire et de l'activité en temps réel d'un volcan permet de prévenir l'arrivée d'une nouvelle catastrophe et d'évacuer les populations. Une éruption volcanique est précédée de plusieurs signes annonciateurs que l'Institut de physique du globe de Paris, grâce à ses équipes locales, est chargé de surveiller pour les 3 volcans actifs d'Outre-mer : la Soufrière en Guadeloupe, la Montagne Pelée à la Martinique et le Piton de la Fournaise sur l'île de La Réunion.

Où trouve-t-on des volcans actifs en France ?

Les derniers volcans actifs en France se trouvent dans les Antilles françaises et sur l'île de La Réunion.

- **La Soufrière en Guadeloupe** : lié à la subduction de la plaque océanique sous la plaque caraïbe, il s'agit d'un volcan de type peléen dont la dernière éruption a eu lieu 1976. Cette éruption était une éruption phréatique caractérisée par l'expulsion violente d'une importante masse d'eau sous la forme d'un panache de la vapeur d'eau.
- **La Montagne Pelée à la Martinique** : également lié à la subduction de la plaque océanique sous la plaque caraïbe, il s'agit d'un volcan de type peléen à l'origine d'une des éruptions les plus meurtrières au monde. Le 8 mai 1902, les villes de Saint-Pierre et Morne Rouge ont été rasées, plus de 30 000 personnes sont mortes sous des nuées ardentes de 500 °C dévalant les pentes du volcan à 500 km/h.
- **Le Piton de la Fournaise sur l'île de La Réunion** : lié à l'existence d'un point chaud, il s'agit d'un volcan dont les éruptions sont de type strombolien et se manifestent le plus souvent par de grandes coulées de lave fluide qui s'écoulent dans l'Enclos Fouqué, une zone non habitée. Les coulées atteignent fréquemment la mer, distante de 10 km, coupant régulièrement la route nationale.

Comment commenter des formes volcaniques en France ?

Comme pour les formes glaciaires ou karstiques, la description des formes volcaniques – surtout si elles sont nombreuses sur la carte – ne peut être exhaustive. Si bien que l'on donnera qu'un ou deux **exemples localisés** – parmi les plus manifestes – de chacun des reliefs repérés.

1. Décrire plus particulièrement :

– les différentes **formes de cônes** : surbaissé, régulier, irrégulier…

– les différentes **formes de sommets** : avec cratère visible ou non, et des cratères qui peuvent être adjacents, emboîtés avec atrium, égueulés…

2. Expliquer ensuite si possible à **quel type d'éruption** on doit ces formes. Et décrire l'ampleur de l'**érosion** en distinguant si nécessaire les différentes périodes d'activité volcanique : ancienne, récente ou contemporaine.

3. Pour les volcans encore actifs, repérer les **territoires vulnérables** et présenter les **mesures de prévisions** et de **préventions** prises pour limiter le risque volcanique.

3. Les réseaux hydrographiques

Après avoir identifié les grands ensembles topographiques et décrit les formes du relief, il faut s'intéresser au réseau hydrographique visible sur la carte. La description du réseau hydrographique est incontournable, mais comme pour la topographie, sa longueur varie suivant l'ampleur et l'originalité des formes, ainsi que les éventuelles contraintes, risques ou opportunités qu'elles représentent.

3.1 Hiérarchisation et densité

Un réseau hydrographique se caractérise d'abord par sa densité, c'est-à-dire le nombre de cours d'eau de toutes tailles que l'on peut observer sur la carte. Elle varie en fonction du climat, plus ou moins humide, mais aussi du substrat rocheux, plus ou moins imperméable. Les calcaires laissent rapidement s'infiltrer l'eau dans le sol ; il y a donc peu de cours d'eau en surface et pas d'étangs ou de marécages, tandis que les roches plus imperméables (marnes, argiles) piègent l'eau en surface.

Il est également caractérisé par sa hiérarchie. Un réseau hiérarchisé ou penné (comme les ramifications d'une plume) fait apparaître des cours d'eau de taille variable avec des affluents qui convergent par ordre de taille croissante vers un collecteur principal. La confluence est le point où l'affluent rejoint un autre cours d'eau. On observe parfois des cas de diffluence lorsqu'un cours d'eau se divise en plusieurs bras. Cela arrive lorsque la pente est très faible, comme dans les deltas.

Enfin, on notera si le réseau hydrographique est constitué de cours d'eau pérennes, c'est-à-dire qui s'écoulent toute l'année, ou intermittents.

Une fois l'organisation générale du réseau commentée, on passe à l'analyse à plus grande échelle du ou des principaux cours d'eau de la carte.

3.2 Cours, lits et étendues d'eau

Le principal cours d'eau peut être un fleuve ou une rivière. Ces derniers diffèrent non par la taille mais par le débouché : un fleuve se jette dans la mer à son embouchure qui peut être un estuaire ou un delta ; une rivière se jette dans un autre cours d'eau.

Le cours d'un fleuve ou d'une rivière peut être rectiligne, sinueux ou même décrire des méandres imprimés s'ils s'encaissent dans un plateau ou divagants s'ils sont à fleur de sol dans une plaine. On note parfois la trace de bras morts ou des méandres recoupés qui ne sont plus alimentés par le cours d'eau que lors d'inondations. On parle enfin de cours anastomosé lorsque le cours d'eau se divise en de nombreux bras, comme c'est le cas dans les deltas.

Figure 1.10 Lit majeur et lit mineur d'un cours d'eau

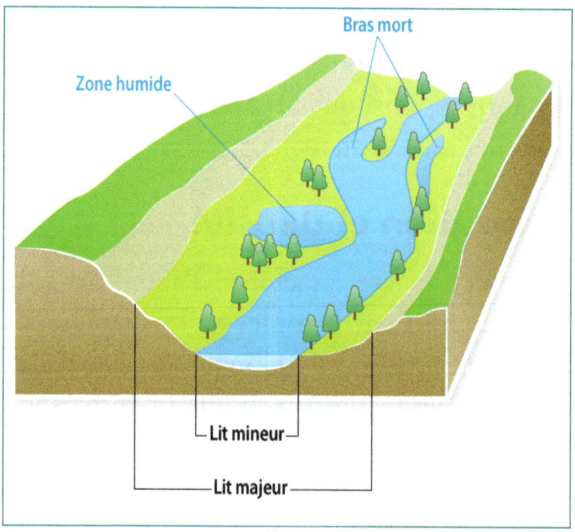

On identifie pour les cours d'eau d'importance un lit mineur et un lit majeur. Le lit mineur représenté sur la carte par un trait bleu correspond à l'endroit où l'eau s'écoule l'essentiel du temps. Le fait, pour le lit mineur, d'être parsemé de bancs de sable ou d'îles peut constituer une contrainte pour la navigation. Le lit majeur n'est pas représenté de manière explicite sur la carte mais il est visible : il correspond à la zone inondable maximale repérable, car elle s'étend jusqu'à ce qu'un obstacle topographique se présente. Plus la topographie est plane, plus le lit majeur est vaste et plus le risque d'inondation est fort.

En plus de cours d'eau, la carte peut faire apparaître des étendues d'eau stagnantes : mares, étangs, lacs, marécages... Certaines sont vastes et profondes comme le lac d'Annecy qui atteint 80 mètres de profondeur, ou comme l'Étang de Berre qui couvre 155 km^2. Mais la plupart du temps, il s'agit d'étendues limitées. La forme des lacs et étangs permet de savoir s'il s'agit d'étendues naturelles ou artificielles : la présence de digues, barrages et surtout une forme géométrique indiquent qu'elles ont été créées pour la production hydroélectrique, la pêche, les loisirs ou l'irrigation. S'ils sont petits, peu nombreux et ne présentent pas de forme atypique, il n'est pas nécessaire de parler des mares et étangs.

3.3 Régimes et risques hydrologiques

Le risque d'inondation fait partie des risques naturels les plus présents en France. L'ampleur, la fréquence et la saisonnalité des crues sont souvent liées au régime hydrologique des cours d'eau, c'est-à-dire aux variations habituelles de son débit au cours d'une année. Il est déterminé par le climat de tout ou partie du bassin fluvial. Les cours d'eau longs peuvent connaître différents régimes hydrologiques. Par exemple, le Rhône a en amont un régime nival car ses variations de débit tiennent surtout à la fonte des neiges alpines au printemps, tandis qu'il a en aval un régime méditerranéen car ses variations de débit tiennent surtout à la sécheresse estivale et aux brutales précipitations d'intersaisons (automne et printemps) méditerranéennes.

Enfin, les cours d'eau ultramarins français ont pour la plupart un régime tropical pluvial, c'est-à-dire marqué par la différence entre saison sèche un peu moins arrosée, et la saison des pluies et des cyclones. Cependant, les principales variations hydrologiques dans les îles ultramarines françaises résident surtout dans l'exposition ou non aux alizés : sur la côte au vent (exposée), fortement arrosée, les cours d'eau y ont un débit constant, tandis que sur la côte sous le vent (en position d'abri), faiblement arrosée, les cours d'eau peuvent disparaître à certaines périodes.

Ces variations de débit constituent l'aléa principal du risque d'inondation. Les cours d'eau connaissant un régime hydrologique contrasté, comme le régime méditerranéen ou le régime nival, sont les plus exposés. Le risque est alors d'autant plus intense que des villes, des infrastructures de transports ou des installations industrielles sont présentes dans le lit majeur. En France, depuis les années 1980, la loi oblige à inventorier et cartographier les risques naturels dans des PPR (Plans de prévention des risques naturels). Comme le montre la figure 1.11, les territoires particulièrement exposés aux inondations, les TRI (territoires à risque important d'inondation), doivent fournir une carte proposant un zonage du territoire en fonction de l'intensité du risque et des enjeux humains qu'il menace.

Figure 1.11 Extrait du plan de prévention du TRI (territoire à risque d'inondation) d'Alès

➤ *Ce document est un exemple de carte susceptible d'être choisi comme document d'appui à un extrait de carte d'Alès.*

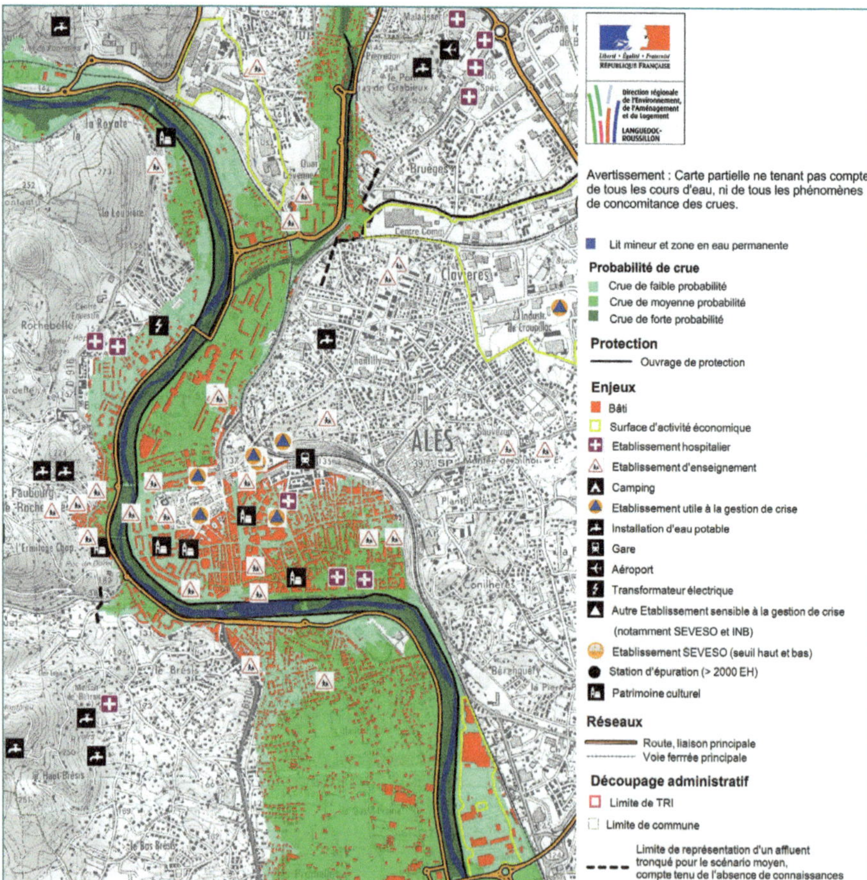

Source : IGN © (Scan25, BD Topo).
Année de production : 2013. Protocole ministère du 8 janvier 2012. Disponible sur : www.rhone-mediterranee.eaufrance.fr/docs/dir-inondations/cartes/ales/TRI_ALES_CE_RISQUE.pdf

Quels sont les grands fleuves français ?

Les grands fleuves connaissent 4 principaux régimes hydrologiques :

- La **Seine** (gentilé : séquanien) se jette dans la Manche. Elle a un régime pluvial ou océanique.
- La **Loire** (ligérien) se jette dans l'océan Atlantique. Elle a un régime pluvial ou océanique.
- La **Somme** (samarien) se jette dans la Manche. Elle a un régime pluvial ou océanique.
- La **Garonne** (garonnais) se jette dans l'océan Atlantique par l'estuaire de la Gironde. Elle a un régime pluvial ou océanique.
- La **Meuse** (mosan) se jette dans la mer du Nord. Elle a un régime pluvial ou océanique.
- Le **Rhône** (rhodanien) se jette dans la Méditerranée par le delta de la Camargue. Il a dans son cours supérieur un régime nival, et dans son cours inférieur un régime méditerranéen.
- Le **Rhin** (rhénan) se jette dans la mer du Nord. Il a un régime nival dans son cours français.
- Le **Maroni** se jette dans l'océan Atlantique. Il a un régime tropical pluvial.

Comment commenter un réseau hydrographique ?

Décrire :

1. l'**organisation** du réseau hydrographique : sa densité, sa hiérarchisation, sa nature pérenne ou intermittente ;
2. pour le(s) principal (aux) cours d'eau : son **sens d'écoulement**, son **cours**, ses **lits** majeurs et mineurs ;
3. l'ampleur du **risque d'inondation** qui varie selon l'aléa surtout constitué par les irrégularités du régime hydrologique, et les **vulnérabilités humaines**.

Commenter la topographie : l'exemple de la vallée du Rhône à Condrieu

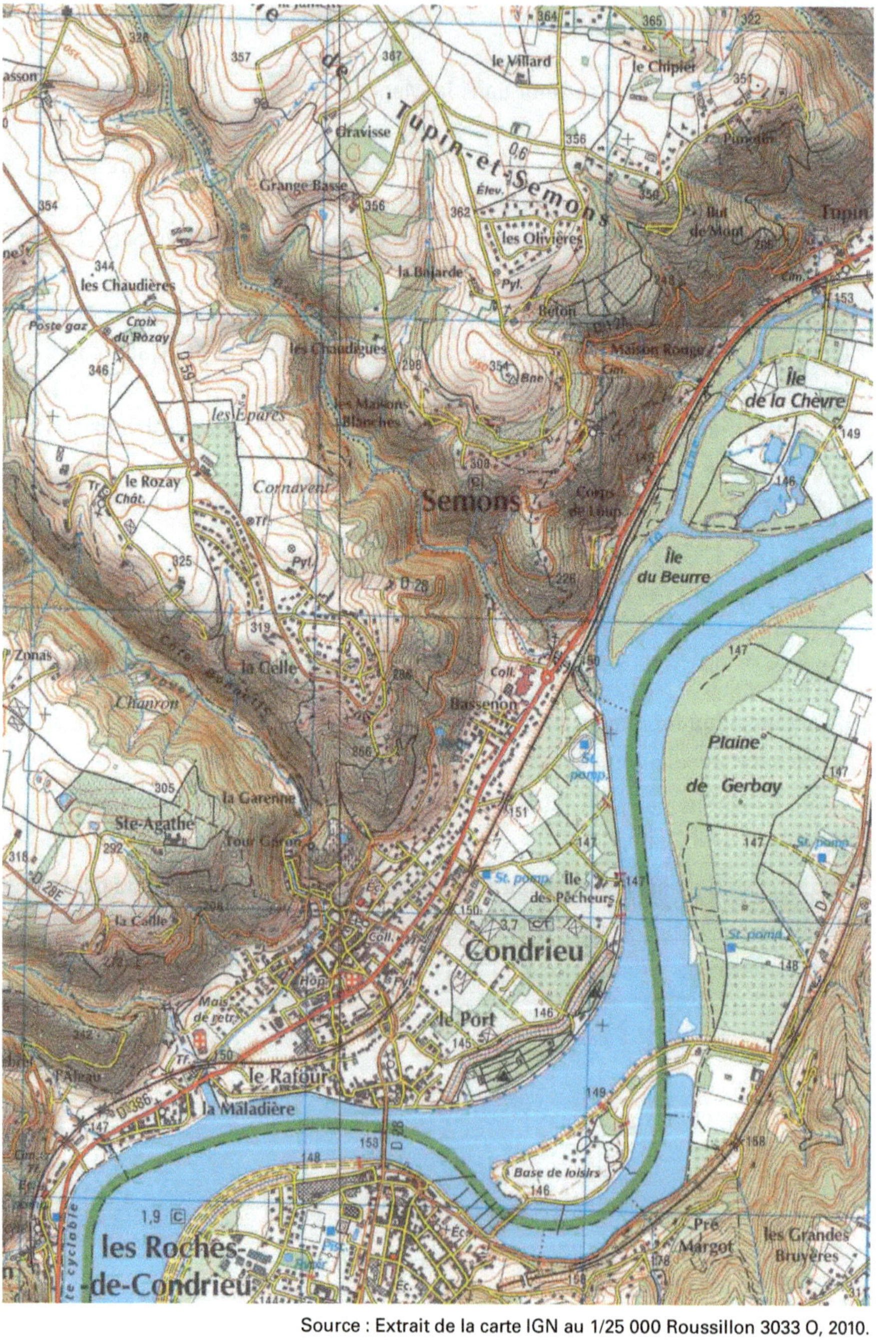

Source : Extrait de la carte IGN au 1/25 000 Roussillon 3033 O, 2010.

Localisation

• Il s'agit d'un extrait de la carte au 1/25 000 de Roussillon réalisée par l'IGN. Le territoire représenté est situé dans le sud-est de la France, dans la région Auvergne-Rhône-Alpes, à une quarantaine de kilomètres au sud de Lyon et à une dizaine de kilomètres au sud de Vienne. L'extrait est centré sur la ville de Condrieu.

Commentaire de la topographie

• L'extrait proposé fait apparaître 2 grands ensembles topographiques : la vallée du Rhône au centre, et le plateau dans lequel elle s'encaisse qui apparaît nettement à l'ouest et dont on voit une petite partie au sud-est.

• L'extrait ne permet pas de voir les limites du plateau qui présente une légère pente vers le sud : on note au nord environ 360 à 370 m d'altitude au nord pour 320 à 330 m au sud. Sur l'extrait, la table du plateau est vallonnée : en rive droite du fleuve, elle est constituée de 3 interfluves légèrement bombés séparés par 3 profondes vallées en V aux fonds très étroits et dont les versants abrupts montrent près de 100 m de commandement. La surface du plateau est relativement sèche.

• La vallée du Rhône entaille largement et profondément le plateau. Elle est légèrement sinueuse et orientée nord-est/sud-ouest. Elle présente un fond plat, assez sec et d'une largeur d'1,5 km et d'environ 150 m d'altitude. La pente est faible : on perd seulement 1 m entre le nord et le sud de l'extrait (plus de 4 km). Les versants de la vallée du Rhône sont très raides et réguliers : ils forment des quasi-falaises de 200 m de commandement.

• Le réseau hydrographique est dense et hiérarchisé : des ruisseaux intermittents alimentent les ruisseaux pérennes qui entaillent le plateau (ruisseaux d'Aulin, de Bassemon et d'Arbuel) qui se jettent dans le Rhône ou la Lône. La Lône est un modeste affluent du fleuve dont la confluence apparaît sur la carte au sud de Semons. Le Rhône est le collecteur principal de la carte. Il s'écoule du nord vers le sud, il a un cours sinueux faisant même apparaître un méandre recoupé au sud de Condrieu. Le lit mineur du fleuve, d'une largeur de 250 à 500 m, fait apparaître 2 îles fluviales au niveau de la confluence : l'île de la Chèvre et l'île du Beurre. Son lit majeur correspond à tout le fond de la vallée, soit environ 1,5 km.

Chapitre 2

Décrire et analyser les formations végétales, les paysages agraires et les activités agricoles

Objectifs

- Décrire la végétation et expliquer sa répartition.
- Identifier le ou les paysages ruraux.
- Décrire le peuplement et en commenter la dispersion.
- Repérer les activités agricoles et en identifier les dynamiques et enjeux.

Après la description et l'analyse des formes du relief, il convient de caractériser les formations végétales, les paysages ruraux et en particulier les paysages agraires, et les activités agricoles. Bien que cela soit présenté dans le même chapitre, il ne faut pas confondre agricole ou agraire et rural.

Un espace rural est un espace non urbanisé qui peut être dédié à l'agriculture, et donc être agricole ou agraire, mais aussi à d'autres activités : tourisme, conservation de la biodiversité, industrie, logistique… Ainsi un espace agricole et espace rural, s'ils coïncident le plus souvent, ne sont pas synonymes.

Le secteur agricole recouvre un large spectre d'activités : grandes cultures (céréales, oléagineux, plantes fourragères…), élevage, cultures maraîchères et fruitières, viticulture, sylviculture… Il n'occupe plus en France que 3 % de la population active et ne représente plus qu'environ 3 % du PIB en y intégrant l'industrie agro-alimentaire. Cependant ces activités continuent de marquer en profondeur les paysages ruraux qui sont présents sur quasiment tous les extraits de carte proposés.

1. Forêts et formations végétales spécifiques

Les cartes présentent souvent des massifs forestiers qui sont à commenter lorsque l'on s'intéresse aux paysages ruraux. Les forêts françaises occupent 28 % du territoire avec 16 millions d'hectares, faisant de la France le pays le plus boisé d'Europe. Mais leur répartition est très inégale : peu présentes dans le nord et l'ouest, les forêts sont nombreuses dans le sud-ouest (forêt des Landes) et dans les massifs de montagne (20 % des surfaces boisées de métropole se trouvent dans le Massif central), ainsi qu'en Guyane. Leur surface a doublé depuis 1850 en raison d'un reboisement pour une part spontané, résultant du recul des surfaces agricoles et des pâturages, et pour une autre part organisé.

1.1 Statuts, essences et fonctions des forêts françaises

Si l'extrait de carte proposé fait apparaître des forêts, on commence par en identifier le statut, les essences et la ou les fonctions.

• Repérer les principales essences

Les principales essences sont répertoriées par la légende. La plupart des forêts de plaine sont des forêts de feuillus, c'est-à-dire d'essences à feuilles caduques (érables, chênes, frênes…). En montant en altitude apparaissent davantage de forêts dites « mixtes », c'est-à-dire associant conifères sempervirents (pins, sapins, épicéas) et feuillus.

Mais si les informations données par les figurés de l'IGN sont très générales, la connaissance du territoire permet de préciser ces essences. Ainsi les ripisylves, c'est-à-dire les formations boisées présentes sur les rives des cours d'eau, sont généralement constituées d'essences aimant l'eau comme les peupliers. Les forêts méditerranéennes poussant sur les sols schisteux ou granitiques sont, elles, notamment constituées de châtaigniers (qui poussent mal sur le calcaire). Enfin, les grandes chênaies sont souvent repérables à des toponymes qui reprennent le terme de chêne, ou ses équivalents en langues régionales : *châgne* en occitan, *chassagne* en bourguignon, *derhue* en breton, *garric* en gascon…

• Les statuts des forêts françaises

Les forêts françaises relèvent de différents statuts selon leur propriétaire. Ce statut est le plus souvent identifiable grâce à la carte. Certaines appartiennent à des collectivités locales comme les forêts communales et départementales. Leur statut apparaît parfois en toutes lettres sur la carte ou peut être déduit de leur nom. Lorsqu'une forêt porte le nom d'une commune voisine, on peut faire l'hypothèse d'une forêt municipale. En revanche, les forêts domaniales appartiennent à l'État et sont gérées par l'ONF (Office national des Forêts). Elles sont souvent d'origine ancienne, héritées des réserves de chasse royales comme la forêt de Saint-Germain-en-Laye ou de Compiègne dans le Bassin parisien, des grandes forêts monastiques comme la forêt de Cîteaux en Bourgogne, ou des glacis frontaliers comme dans les Ardennes. Mais les trois quarts des forêts de métropole sont privées et à vocation récréative comme en Sologne, ou productive comme dans les Landes.

• Les fonctions des forêts

La fonction productive est ancienne, qu'il s'agisse de produire du bois avec le bûcheronnage ou de mettre à profit ses ressources énergétiques avec les charbonneries. Ces exploitations expliquent l'installation historique d'activités au sein de massifs forestiers telles que la verrerie dans les Vosges, la papeterie dans les Landes et les Vosges, la métallurgie en Lorraine ou dans les Alpes. La filière bois, qui désigne toutes les activités de transformation du bois, est en déclin face à la concurrence et aux importations. Parallèlement à cette filière, aujourd'hui encore, de nombreuses communes forestières, notamment dans les Vosges ou le Jura, accordent à leurs habitants la possibilité de prélever dans la forêt communale le bois nécessaire au chauffage domestique. On parle alors de pratique d'affouage. Sur les cartes, la fonction productive d'une forêt apparaît avec des laies forestières qui quadrillent régulièrement le massif, des parcelles parfois numérotées et de petites structures industrielles dans ou aux abords de la forêt : scieries, papeterie, entrepôts ou parcs à grumes.

Les forêts sont exposées aux risques. Elles peuvent être endommagées par différents risques comme lors de tempêtes, comme en 1999, ou lors d'incendies, en particulier dans les Landes et dans les forêts méditerranéennes. Mais la forêt est aussi un outil de lutte contre les risques : on parle alors de forêts de protection. Les ripisylves stabilisent les berges et limitent les crues. Le boisement permet aussi de fixer les dunes avec des plantes aréneuses (oyats) et des pins maritimes, comme sur le littoral atlantique. Depuis la fin du XIXe siècle, les lois RTM (Restauration des terrains de montagne) encouragent au reboisement des versants pour limiter l'érosion et le ruissellement, et ainsi réduire les inondations violentes que connaissent les Cévennes, les Alpes du Sud ou le Limousin.

Les forêts assument enfin une fonction patrimoniale et récréative. Ces fonctions concernent particulièrement les forêts proches des pôles urbains, fortement aménagées avec des itinéraires balisés, des parkings et des équipements de loisirs, comme dans la forêt de Fontainebleau. Autre fonction récréative de nombreuses forêts françaises : leur fonction cynégétique. Lorsqu'il s'agit de chasse à pied, elle apparaît rarement de manière explicite sur la carte. En revanche, la pratique ancienne de la chasse à courre – rare aujourd'hui – apparaît avec la forme en étoile du réseau de laies forestières qui forment des carrefours en se croisant. On parle alors de laies forestières en octogonets.

La diversification des usages des massifs forestiers peut entraîner des conflits d'acteurs comme dans la forêt guyanaise où le cumul d'intérêts divergents a longuement retardé la création du parc national. En réaction, les périmètres protégés et les demandes de labellisation en AOC (appellation d'origine contrôlée) de la filière bois se multiplient.

Où se trouvent les principales forêts en France ?

• **En métropole** :

– Dans le Sud-Ouest : la forêt des Landes est le plus grand massif forestier d'un seul tenant.

– Dans le Massif central et sur ses marges : les principaux massifs sont ceux du Périgord, des Cévennes et du Forez.

– Dans le Sud-Est : la forêt est surtout présente dans les Préalpes comme le Dauphiné ou le Vercors.

– En Corse : la forêt occupe 46 % de l'île.

– Au sud du Bassin parisien : avec les forêts de Sologne et du Morvan.

– Dans le Nord-Est : avec les forêts des Vosges et du Jura.

• **En Outre-mer** :

– En Guyane : le massif forestier est domanial et occupe 95 % du DROM.

– Sur l'île de La Réunion : la forêt couvre plus de 40 % de l'île et occupe une grande partie des Hauts. Elle est largement protégée par le Parc national de La Réunion.

Comment commenter les bois et forêts ?

1. Caractériser globalement la forêt en décrivant son **emprise générale**, avec la taille et la fréquence des bois et forêts.

2. Si possible, décrire les **essences** qui composent la forêt, en lien avec le domaine climatique : forêt de feuillus, de conifères, forêt mixte, forêt méditerranéenne, forêt tropicale…

3. Repérer le **statut** de la forêt lorsqu'il est indiqué dans le nom de la forêt, ou que l'on peut le déduire.

4. Identifier les **fonctions** et les **usages** de la forêt : type de localisation et d'environnement naturel, configuration des laies forestières, aménagements de loisir, présence de bâtiments de production…

5. Enfin, analyser les **dynamiques** des espaces forestiers, surtout lorsque l'on dispose d'une carte ancienne en appui. Mais même sans, on peut identifier un mitage de la forêt par « grignotage » des surfaces boisées par les aménagements qui peut aller jusqu'au recul des forêts, une stabilité des surfaces boisées, ou au contraire une extension dans le cas d'une dynamique de reconquête repérable à la présence de friches et de broussailles en périphérie des zones boisées.

1.2 Formations végétales spécifiques

Il existe en France d'autres formations végétales que les forêts de conifères ou de feuillus. Ces végétations spécifiques se développent dans des milieux aux fortes contraintes pédologiques, climatiques ou topographiques.

Les espaces amphibies sont recouverts plus ou moins abondamment et fréquemment par l'eau salée de la marée ou des tempêtes, par l'eau saumâtre des embouchures, ou par l'eau douce de marécages. Ces milieux accueillent des plantes hydrophiles ou hygrophytes qui ne poussent qu'en milieu humide tels que le bouleau, les sphaignes, les lentilles d'eau, la bruyère. Lorsque l'eau est salée ou saumâtre, en plus d'être hygrophile, la végétation doit être composée de plantes halophiles ou halophytes, c'est-à-dire qui supportent un certain niveau de salinité tels que le jonc maritime, les roseaux, la salicorne ou encore des graminées comme les puccinellies. Les herbus ou le schorre désignent la végétation rase supportant d'être régulièrement recouverte par la marée comme dans la Baie du Mont-Saint-Michel ou en Camargue.

Le climat méditerranéen présente également des contraintes spécifiques : sécheresse estivale, forts abats d'eau aux intersaisons, vents violents… Les forêts méditerranéennes sont constituées d'essences adaptées à la sécheresse telles que les chênes lièges, chênes verts et chênes kermès, et de nombreuses essences de pins. Souvent plus broussailleuses que réellement forestières, les formations végétales méditerranéennes se différencient selon la nature du sol. On distingue la garrigue, formation basse et plutôt ouverte, qui se développe sur les sols calcaires comme dans les Préalpes du Sud ou dans la plaine du Languedoc, du maquis, formation plus haute et plus fermée, qui grandit sur terrain granitique et schisteux comme dans les Cévennes ou en Corse où il couvre 1/5 de l'île.

Enfin, on rencontre en Guyane et dans les îles ultramarines des formations végétales spécifiques. Les forêts sont des forêts tropicales et équatoriales caractérisées par différentes strates végétales allant des essences de lumière qui constituent une canopée assombrissante aux espèces ombrophiles des sous-bois. Mais cette forêt dense n'est pas présente partout car les formations végétales sont très différenciées entre le versant au vent (humide) et sous-le-vent (plus sec).

La mangrove, forêt littorale noyée à chaque marée composée de palétuviers, constitue également une spécificité ultramarine. Elle joue un rôle environnemental important de « pouponnière » pour les jeunes poissons, et de protection des côtes contre le risque cyclonique. Cependant, elle recule face à l'urbanisation et la mise en tourisme des littoraux ultramarins.

1.3 L'étagement de la végétation en montagne

La végétation d'une région évolue également avec les contraintes spécifiques de l'altitude et de l'exposition. En effet, en montagne, ces deux facteurs participent à une différenciation des formations végétales. L'altitude entraîne une diminution des températures de 0,6 °C tous les 100 mètres, ainsi qu'une augmentation des précipitations jusqu'à mi-sommet puis une diminution. Et l'exposition atténue ou accroît le refroidissement lié à l'altitude. Les versants exposés au nord sont appelés l'ubac dans les Alpes ou l'ombrée dans les Pyrénées, et présentent un climat plus rigoureux que les versants exposés au sud appelés l'adret dans les Alpes et la soulane dans les Pyrénées.

Ces contraintes conduisent à un étagement de la végétation, c'est-à-dire qu'en montant en altitude, on distingue une succession d'étages caractérisés par des formations végétales différentes. L'étagement de la végétation montagnarde est visible dans toutes les montagnes du monde, si bien qu'on l'observe dans les massifs montagnards métropolitains comme ultramarins. Mais les étages ne sont pas composés des mêmes essences ni des mêmes paliers sur l'île de La Réunion, en Corse ou dans les Vosges, ni même au sein du massif alpin, comme le montre la figure 2.1. Dans les montagnes métropolitaines, cependant, on identifie le plus souvent 5 étages visibles sur la carte :

1. L'étage collinéen correspond à l'étage des vallées où se trouve l'habitat permanent. On y rencontre une végétation variée de conifères et feuillus, et même parfois de vastes espaces défrichés et des vergers.

2. L'étage montagnard correspond à l'étage de la forêt où l'on trouve des feuillus et des conifères, et dans sa partie supérieure uniquement des conifères et autres essences à feuilles persistantes.

3. L'étage subalpin correspond à l'étage de transition entre forêts et pelouses. Les arbres y sont de moins en moins nombreux jusqu'à se réduire à des arbustes et des broussailles.

4. L'étage alpin correspond à l'étage des pelouses, des alpages. Il s'agit de pelouses de graminées qui peuvent servir de pâturages aux bêtes pendant l'été (*cf.* chapitre 5).

5. L'étage nival correspond à l'étage de la haute et très haute montagne (autour de 2 500 à 3 000 m) où l'on ne trouve plus que des neiges éternelles. C'est le domaine des lichens, des rocs et des glaces.

Figure 2.1 Les étagements de la végétation dans les Alpes

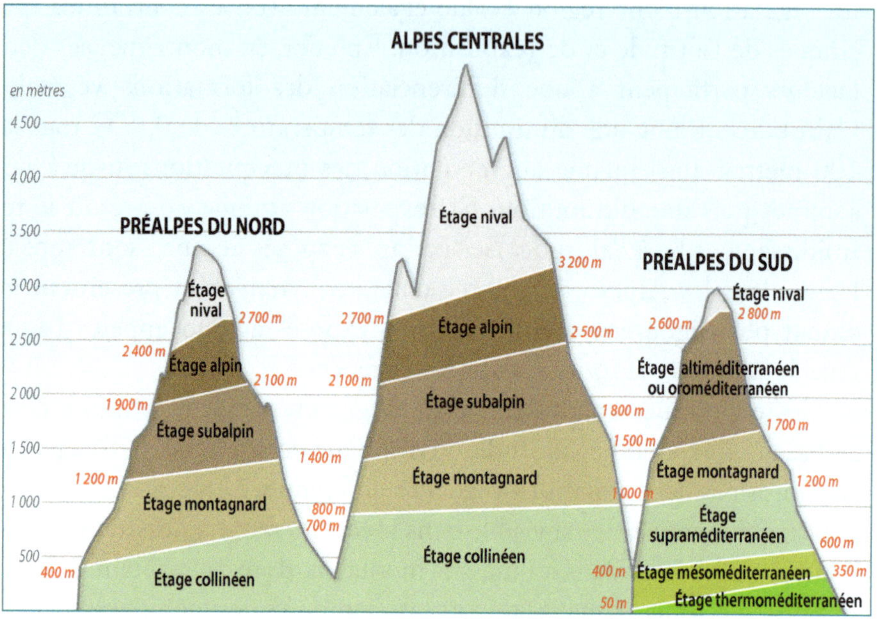

2. Les paysages agraires

Ces formations végétales côtoient le plus souvent des paysages agraires, c'est-à-dire des paysages qui sont la traduction visible de l'activité agricole. Il convient de les décrire. Différents éléments visibles sur la carte tels que le peuplement, la présence ou l'absence de haies, les types de cultures, permettent de les distinguer. Les paysages les plus fréquents en France métropolitaine sont les paysages de bocage et d'openfield, mais ce ne sont pas les seuls à figurer sur les cartes.

2.1 Les paysages de bocage et d'openfield

• Les paysages de bocage

Les paysages de bocage sont surtout fréquents dans le quart nord-ouest du territoire français. Un paysage de bocage est un paysage dont les parcelles sont entourées par des haies, des murets de pierres sèches, des rangées d'arbres ou même des canaux. Les haies vives constituées d'arbres et d'arbustes figurées par un trait vert fin constituent la clôture la plus fréquente. Les haies participent aux équilibres naturels car elles limitent l'érosion et fonctionnent comme un régulateur hydrique. Lorsque les précipitations sont fortes, le réseau racinaire stocke les surplus d'eau qui sont progressivement relâchés par temps sec. L'accès aux champs se fait par des chemins creux parfois peu praticables par les machines agricoles.

À noter que les parcelles agricoles ne figurent pas sur les cartes, cependant le tracé des haies, des canaux ou des murets permet d'en deviner la forme et la taille. On peut ainsi différencier deux types de bocage. Le bocage organique est repérable à son parcellaire très irrégulier, dessinant des mailles petites. Il s'agit généralement d'un bocage ancien n'ayant pas fait l'objet d'un remembrement. Il évolue parfois en bocage mimétique, plus récent, aux parcelles géométriques, régulières et vastes.

Figure 2.2 Un paysage bocager breton

Source : Extrait de la carte IGN au 1/25 000 Guerlesquin 0716 O, 2009.

L'extrait proposé correspond à la commune de Guerlesquin, dans le Finistère, en pays trégorrois, à une cinquantaine de kilomètres à l'est de Brest. Autour du bourg central de Guerlesquin où sont visibles l'église, l'école et le cimetière, l'habitat est dispersé. Les fermes isolées portent le préfixe breton « ker » qui signifie « chez ». Le bocage est ici mimétique au nord-ouest, et plus organique au nord-est et au sud du village. Au sein de l'espace agricole, on remarque de nombreux bâtiments : un champ de foire qui indique une spécialisation dans l'élevage, des élevages avicoles hors-sol de grande capacité, un abattoir de grande taille, des activités en lien étroit les unes avec les autres.

Le passage de l'un à l'autre est surtout intervenu lors de la période de débocagisation des années 1950-1970, lorsque l'on a cherché à regrouper les parcelles pour les agrandir. Mais les bocages mimétiques peuvent également correspondre au défrichement tardif des terres incultes, appelées landes, dont on trouve fréquemment mention dans la toponymie.

Le bocage s'accompagne fréquemment d'une dispersion de l'habitat. Les noyaux villageois ne regroupent que quelques maisons autour de l'église et de la mairie, et la plupart des fermes ou unités de production sont isolées ou en hameaux éparpillés dans tout le territoire communal.

• Les paysages d'openfield

Le deuxième paysage le plus fréquent en France est l'openfield. Il s'agit d'un paysage de champs ouverts, sans clôture. L'openfield est souvent associé à des toponymes comme « champ », « champagne » ou « champeigne ». Contrairement au bocage où les haies ou murets font apparaître le parcellaire, les parcelles d'openfield sont invisibles sur la carte. Cependant, une photo aérienne permet de distinguer différents types d'openfield. On parle d'openfield en lames de parquet lorsque les parcelles sont allongées et disposées régulièrement, d'openfield en damier lorsque les parcelles sont plus trapues et massives, et d'openfield en mosaïque lorsqu'elles ont une disposition et des formes plus irrégulières.

L'openfield s'accompagne fréquemment d'un habitat groupé en gros villages. Les noyaux villageois regroupent l'essentiel des maisons autour de l'église et de la mairie, ainsi que les commerces, services et petites unités de production. Les fermes isolées ou en hameaux sont rares mais souvent massives et à cour fermée, c'est-à-dire que les bâtiments sont disposés autour d'un espace central parfois fermé par un portail. Les villages peuvent prendre différentes formes :

- les villages-rues s'étirent le long d'une route principale bordée par deux rangées de maisons alignées de part et d'autre de la route ;
- les villages nucléaires ou villages-tas sont groupés autour de l'église ;
- les villages en étoile s'étirent le long de plusieurs routes, le centre du village correspond alors à un carrefour.

Mais la distinction entre bocage est openfield n'est pas toujours si tranchée. On trouve de nombreuses situations intermédiaires. Même à l'échelle des terres d'un village, c'est-à-dire de son finage, on peut identifier des terroirs bocagers et des terroirs d'openfield. Ces situations peuvent être anciennes comme les méjous bretons qui correspondent à des enclaves de champs ouverts au sein d'un paysage de bocage.

Figure 2.3 Un paysage d'openfield briard

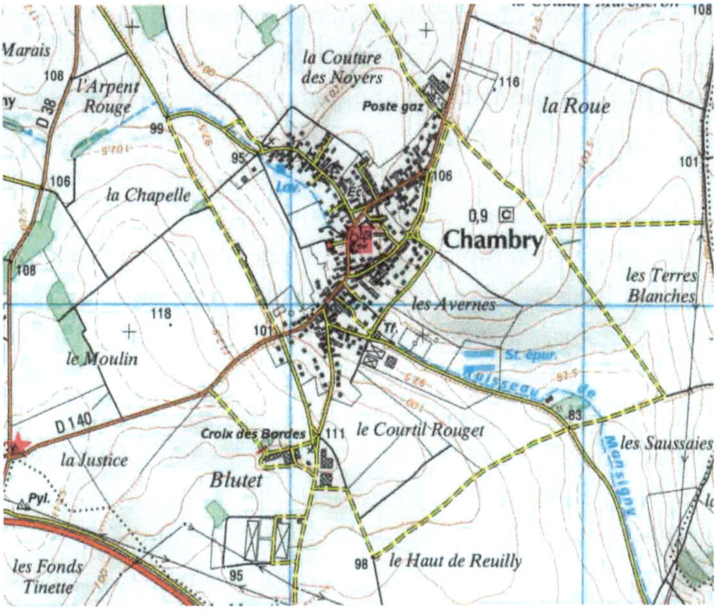

Source : Extrait de la carte IGN au 1/25 000 Meaux 2513 OT, 2010.

L'extrait proposé correspond à la commune de Chambry, situé dans la Brie au nord de Meaux. L'espace représenté est représentatif du paysage d'openfield et de la grande céréaliculture intensive du Bassin parisien. L'habitat est groupé dans un village en étoile. Des signes d'intensification sont visibles au sud, avec des entrepôts et deux ensembles de serres.

2.2 Des paysages en profonde transformation

Ces situations intermédiaires témoignent des évolutions connues par les paysages agraires sous l'effet de la modernisation agricole.

Depuis les années 1950, une grande partie des exploitations a été remembrée. Le remembrement consiste en une réorganisation foncière permettant de regrouper les parcelles d'un même exploitant, autrefois discontinues et morcelées, en une parcelle plus vaste d'un seul tenant. Le remembrement permet la mécanisation et la motorisation de l'activité agricole qui augmentent la productivité. Menées dès le XIXe siècle, ces opérations ont été précoces et de grande ampleur dans le Bassin parisien, puis se sont diffusées.

Depuis les années 1990, une exploitation agricole sur deux a disparu, débouchant sur une concentration de la propriété foncière et sur l'augmentation de la taille des exploitations dont la moitié dépasse les

100 hectares. Ces évolutions peuvent être mises en évidence au travers de statistiques agricoles qui accompagnent parfois la carte topographique. Dans les régions d'openfield, la comparaison avec une édition ancienne de la carte peut faire apparaître une réorganisation du réseau viaire suggérant la constitution de plus vastes parcelles. Le remembrement est encore plus visible dans les régions de bocage, où, avec l'arrachage des haies, il donne naissance à un paysage mixte.

En Bretagne par exemple, les 3/4 des haies ont été arrachées. Comme le montre la figure 2.4 ci-contre, les parcelles sont plus vastes, le réseau viaire est réorganisé, les champs sont plus ouverts. Seul l'habitat reste dispersé.

D'autres dynamiques visibles sur les cartes témoignent de l'intensification de l'agriculture française. L'irrigation a été développée grâce à la construction de grands aménagements hydrauliques comme le canal de Provence qui alimente depuis le Verdon les régions littorales du sud-est, ou comme le très conflictuel barrage à Sivens dans le bassin de la Garonne. On repère aussi l'intensification de l'agriculture à la présence de vastes bâtiments comme les serres. On peut aussi relever la présence d'élevages hors-sol parfois associés à un silo, permettant de stocker les aliments des bêtes.

Enfin, l'agriculture est de plus en plus intégrée dans des filières d'activités comprenant le conditionnement, une première ou une deuxième transformation des productions par l'industrie agro-alimentaire, leur commercialisation. Sur les cartes, une filière est notamment visible avec la présence de MIN (marchés d'intérêt national) qui commercialisent en gros les productions, et la mention d'abattoirs, de cartonneries ou d'usines d'embouteillage dans les régions viticoles. La connexion des régions d'agriculture intensive aux grands axes est primordiale, comme celle aux grandes interfaces telles que le grand port maritime de Rouen sur la Seine, premier port européen pour les céréales et principal débouché de la céréaliculture pratiquée dans le Bassin parisien.

Figure 2.4 Le remembrement dans le bocage breton : exemple de la Commune de Paule (Côtes-d'Armor)

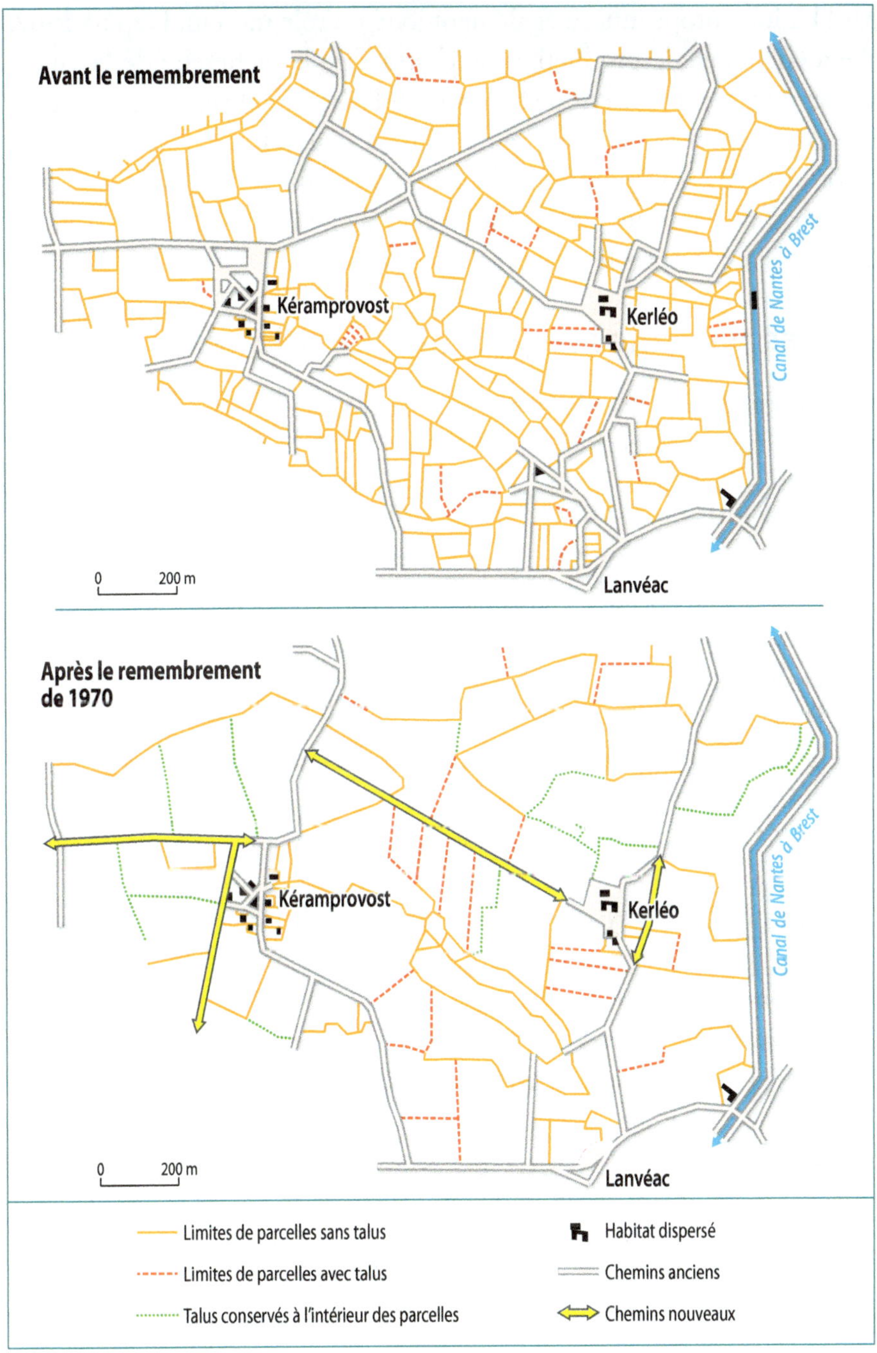

Source : d'après J.-P. de Monza, *Atlas des paysages ruraux en France*, 1992.

L'État et les collectivités locales ont été des acteurs importants de ces évolutions. Mais la PAC (Politique agricole commune), mise en œuvre par l'Union européenne, a également joué un rôle moteur. Depuis 1962, elle a encouragé le productivisme c'est-à-dire la recherche de la quantité au détriment souvent de la qualité, à l'aide de subventions massives. L'augmentation rapide des rendements a conduit à des situations de surproduction problématiques. Si bien que depuis 2003, la PAC a connu une série de réformes afin d'encourager les pratiques conformes à un développement durable des territoires agricoles.

2.3 Les paysages régionaux spécifiques

Au-delà de ces deux grands types de paysages agraires, il existe de nombreux paysages régionaux spécifiques.

• Les paysages agricoles méditerranéens

Le paysage agricole méditerranéen associe à l'origine trois terroirs distincts hérités de l'époque romaine :

- l'ager dans la partie la plus fertile où étaient produites les cultures emblématiques de la trilogie méditerranéenne : le blé, la vigne et l'olivier;
- le saltus pour la partie la moins fertile laissée en pâture pour les animaux;
- la silva qui correspond à la forêt qui occupe la périphérie du territoire villageois.

Ces trois terroirs sont souvent encore visibles sur les cartes, même si les logiques économiques en général et agricoles en particulier ont largement évolué.

Les paysages agraires méditerranéens peuvent prendre des allures d'openfield, comme c'est le cas dans la plaine du Languedoc, ou des allures bocagères. En effet, les parcelles sont fréquemment encloses par des murets de pierres sèches représentés par un figuré spécifique. En contexte montagnard, les murets sont construits parallèlement à la pente pour dégager des espaces cultivables plans constituent des terrasses de cultures, appelées *restanques* en Provence, *planches* au sud des Alpes ou *traversiers* dans les Cévennes. L'habitat est fréquemment groupé, souvent dans des villages perchés en situation défensive. En plaine ou sur les plateaux, les murets permettent à la fois de limiter les terrains de pâture des moutons et d'entreposer les pierres retirées du terrain pour que l'herbe y pousse davantage. C'est notamment le cas sur le Plateau du Larzac.

La huerta constitue au sein des paysages méditerranéens un cas particulier. Il s'agit d'un espace de polyculture méditerranéenne intensive orientée vers le maraîchage et l'horticulture mis en place en France au XIXe siècle. Le paysage de huerta est d'allure bocagère : il se présente comme une mosaïque de parcelles de petite taille séparées par des haies d'arbres. Les rangées d'arbres, le plus souvent orientées est-ouest, ne servent pas tant à délimiter les cultures qu'à les protéger du mistral (vent nord-sud) qui peut souffler violemment dans la vallée du Rhône.

Figure 2.5 Une huerta française, l'exemple de la région de Châteaurenard

Source : Extrait de la carte IGN au 1/25 000 Tarascon 3042 OT, 2009.

L'extrait proposé correspond à la commune de Châteaurenard située dans les Bouches-du-Rhône, à proximité du Comtat-Venaissin. On y observe un paysage de huerta. Les nombreuses haies délimitent de petites parcelles vouées à la polyculture méditerranéenne intensive avec une maîtrise ancienne de l'eau par dérivation du canal des Alpines. Ce paysage a été profondément transformé par une deuxième génération d'intensification (multiplication des serres, d'unités industrielles de transformation) et par la périurbanisation. La bonne desserte, avec l'inscription au sein de l'axe rhodanien, est un facteur de compétitivité, bien que le maraîchage et l'horticulture soient soumis à la concurrence croissante des pays méditerranéens.

La huerta est également caractérisée par une très ancienne maîtrise de l'eau, à la fois sur le plan du drainage pour évacuer l'excès d'eau lors des fortes précipitations de printemps et d'automne, et sur celui de l'irrigation qui permet d'arroser les cultures pendant la sécheresse estivale. Ces techniques sont repérables sur la carte par l'aménagement d'un dense réseau de canaux figurés par des traits bleus.

• Les paysages viticoles

Les paysages de vignoble sont très fréquents dans les paysages français car 77 départements sur 100 produisent du vin. Mais ils offrent des paysages très variés. Certains sont des vignobles de coteaux, aussi appelés sous côte, qui sont localisés le long d'un talus comme la Côte-d'Or en Bourgogne ou le vignoble alsacien sur les collines sous-vosgiennes, tandis que les vignobles de plaine constituent des mers de vigne comme dans le Bordelais ou dans le Languedoc. En revanche, l'habitat y est presque systématiquement groupé dans de gros bourgs afin de laisser le plus de surface possible aux vignes. L'attention portée à ces cultures délicates donne aux vignobles une dimension esthétique, avec l'aspect de paysages soignés, pittoresques. Ces paysages constituent un atout patrimonial mobilisé pour la mise en tourisme avec des routes du vin qui articulent tourisme de nature et œnotourisme.

• Les paysages agricoles ultramarins

Dans les DROM, les caractéristiques climatiques tropicales déterminent des paysages agricoles différents. L'héritage colonial y a développé une économie de plantation intensive, spécialisée et orientée vers l'exportation qui a connu une succession de cycles : café et cacao, puis canne à sucre et vanille, enfin bananes. Ce système économique est à l'origine de paysages spécifiques. Au centre de vastes exploitations appelées les habitations, ou bien en position littorale pour celles installées sur les planèzes volcaniques, se trouvent la maison des maîtres et les bâtiments d'exploitation et de transformation. Les logements des esclaves puis des ouvriers agricoles, appelés les quartiers, se trouvent eux en marge du domaine.

Un autre paysage est spécifique des espaces ruraux antillais : la campagne habitée. Il s'agit d'un paysage rural à l'habitat dispersé mais relativement dense. Il est né de la conquête de terrains agricoles par la population d'esclave libérée en 1848 à laquelle ont été distribués des lopins de terre, bientôt divisés en une infinité de parcelles au fil des successions. Sur ces parcelles de 100 à 1 000 m^2, ont été aménagés des jardins créoles organisés autour des maisons. Ils sont organisés en trois parties qui correspondent à trois groupes de plantes cultivées :

- le jardin de case autour de la maison où l'on cultive les plantes médicinales ;
- le jardin de représentation devant la maison où l'on cultive des plantes d'ornement ;
- et le jardin vivrier derrière la maison où l'on cultive les plantes alimentaires (ananas, papayer, cacaoyer, manioc, chou caraïbe, grenadier, citronnier…) et en particulier des arbres fruitiers qui assurent de l'ombre.

3. Les grands systèmes agricoles : repérer les activités agricoles

Une fois les formations végétales, les paysages agraires et le peuplement rural commentés, il faut repérer sur la carte les activités agricoles pratiquées. Toutes ne sont pas visibles, mais il est possible d'identifier les principales activités.

3.1 Les grandes cultures

Les grandes cultures désignent les cultures de pleins champs cultivées de manière intensive en openfield. Elles sont pour l'essentiel céréalières (plus de la moitié des terres cultivées) : le blé et le maïs, mais aussi l'orge, l'avoine, le riz et le seigle. Ces cultures sont identifiables sur la carte grâce à la présence de silos destinés à leur stockage ou de minoterie où la farine est fabriquée. Les grandes cultures recouvrent également les cultures industrielles, telles que le tabac dans la plaine d'Alsace ou la betterave à sucre en Picardie et en Champagne. Cette culture est visible sur la carte parce qu'associée à des sucreries ou des distilleries situées dans un rayon de 30 km des espaces de production. Enfin, les grandes cultures désignent aussi la production de plantes oléagineuses destinées à être transformées pour produire de l'huile telles que le colza (repérable sur photographie aérienne par la couleur jaune vif de ses fleurs), le tournesol, et le soja.

Figure 2.6 Les systèmes agricoles français

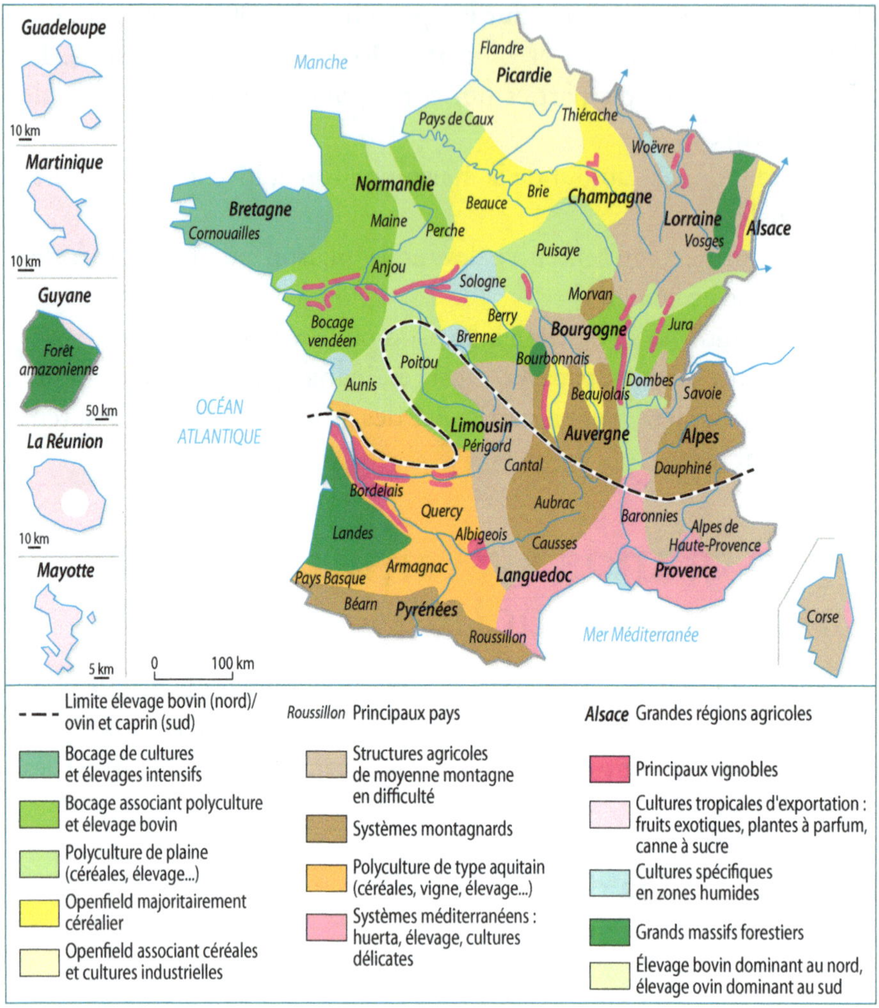

Source : J.-B. Bouron, 2009. www.geotheque.org

Les grandes cultures obtiennent des rendements élevés, grâce à des parcelles de très grandes tailles, une forte motorisation, des moyens modernes d'irrigation et une utilisation massive d'intrants. Ces cultures sont tournées vers l'exportation et intégrées aux flux mondiaux agricoles. La main-d'œuvre nécessaire est peu nombreuse, il est donc courant que les cartes montrent des densités de population faibles.

Où sont les régions de grandes cultures ?

Dans les grandes plaines et plateaux métropolitains :
– Bassin parisien : dans la Beauce, la Brie, la Champagne, le Vexin français, et le Berry. Sont principalement cultivés : le blé (qui domine largement), les oléagineux (colza et soja) et des plantes fourragères.
– Nord et Picardie : dans la Thiérache, le Hainaut, l'Artois et les Flandres. Sont principalement cultivés : du blé, du colza et des betteraves à sucre.
– Plaines d'Alsace et de Lorraine : dans la Woëvre, sur les plateaux lorrains et dans la plaine d'Alsace. Sont principalement cultivés : le blé (qui domine largement), le maïs et le colza.
– Aquitaine : dans la vallée de la Garonne et dans les plaines d'Aquitaine. Sont principalement cultivés : du maïs (qui domine largement), d'autres céréales et des plantes fourragères.

Comment commenter les régions de grandes cultures ?

1. Identifier – lorsque c'est possible – le ou les **types de culture pratiquée**.
2. Repérer les **marques de l'intensification** : remembrement en très grandes parcelles, irrigation.
3. Relever les **structures de stockage** (silos, entrepôts) et de transformation des produits agricoles.
4. Souligner le **lien aux marchés** : situation sur ou à proximité d'un axe ou d'un carrefour majeur, présence d'un MIN…

3.2 L'élevage

L'élevage regroupe différents cheptels et des pratiques plus ou moins intensives selon les bêtes et les régions. L'élevage apparaît sur les cartes directement ou indirectement grâce à différents bâtiments agricoles. Les informations directes concernent l'élevage hors-sol : on trouve des mentions d'élevage avicole ou porcin.

L'élevage bovin est présent dans de nombreuses régions : c'est le plus grand cheptel français. Plus d'un tiers des vaches à viande est élevé dans le centre de la France (35 %) et plus d'un tiers des vaches à lait est élevé dans l'ouest de la France (Bretagne, Pays de la Loire et Normandie). Sur la carte, la présence d'élevage bovin apparaît souvent dans les toponymes en « vaches » ou « bœufs », mais aussi avec la présence de granges ou fenils destinés à stocker le fourrage des bêtes. La distinction entre élevage à lait ou à viande apparaît aussi sur la carte avec la présence d'abattoirs ou de marché aux bestiaux pour l'élevage à viande, et de laiterie ou de fromagerie, appelée fruitière dans le Jura, pour l'élevage laitier. Pour l'élevage bovin à viande, on distingue traditionnellement les pays naisseurs, c'est-à-dire les régions où les veaux naissent et passent leurs premiers mois telles que le Morvan, le Charolais ou la montagne limousine, et les pays d'embouche où les bêtes sont engraissées puis vendues comme le pays d'Auge, le bas Limousin ou la Normandie. Mais cette distinction a tendance à s'estomper avec l'intensification de la production. Une intensification encore plus nette en ce qui concerne l'élevage laitier. Cet élevage industriel et intégré est pratiqué dans des exploitations dont la taille augmente, pouvant atteindre le millier de vaches.

L'élevage ovin, souvent associé à l'élevage caprin, est lui plus souvent pratiqué de manière extensive sur des terres pauvres : sur les plateaux des Causses, dans la plaine de la Crau, dans la montagne corse ou dans les pré-salés du Cotentin ou du Nord. Les moutons, brebis et chèvres sont élevés pour leur viande, mais aussi pour le lait dont sont faits différents fromages. L'élevage ovin est visible sur la carte aux abattoirs mais aussi aux bergeries, appelées *bories* dans le sud de la France, où sont gardés les troupeaux.

L'élevage porcin est surtout présent dans le Grand Ouest de la France (70 % de la production nationale) et est à 90 % le fait d'un élevage intensif hors sol où les bêtes peuvent être plus de 200 et nourries d'aliments industriels. Pour traiter les lisiers et autre rejets de l'élevage porcin hors-sol, les grandes exploitations doivent aujourd'hui disposer de leur propre station d'épuration, ce qui est visible sur la carte.

L'aviculture est également particulièrement présente dans l'ouest de la France et correspond à des pratiques assez proches de l'élevage porcin, puisque plus de 80 % de la production est intensive.

Où sont les régions d'élevage ?

- Grandes régions de l'**élevage bovin** : Normandie et Bretagne pour l'élevage intensif dominé par la production de lait, moyennes montagnes humides comme le Jura et le Massif central pour l'élevage extensif dominé par la production de viandes.
- Grandes régions de l'**élevage ovin et caprin** : Massif central, régions méridionales françaises de la Nouvelle Aquitaine aux Alpes du Sud, Corse comprise.

• Grandes régions de l'**élevage porcin** : Bretagne et Pays de la Loire, Hauts de France-Nord.
• Grandes régions de l'**aviculture** : Bretagne (1re région de production de poulets, poules pondeuses et dindes), Nouvelle-Aquitaine (1re région de production de canard à gaver).
• Dans les DROM : l'élevage est une activité agricole aux productions limitées mais diversifiées (bovins à lait et viande, porcins, ovins et caprins, aviculture). Cependant, l'enjeu est important car l'importation de viande est coûteuse.

Comment commenter les régions d'élevage ?

1. Identifier les **marques de l'élevage** au travers des différents toponymes ou bâtiments agricoles.
2. Mettre en évidence une **filière de production** avec tous les aménagements associés comme les silos, les abattoirs, les laiteries et zones artisanales.
3. Souligner le **lien au marché** par la présence d'axes importants, de structures de commercialisation spécialisées comme les marchés d'intérêt nationaux, de plateformes logistiques, parfois de structures de recherche dédiées comme celles de l'INRA (Institut national de la recherche agronomique) ou de formation (lycées agricoles).
4. Envisager, quand c'est possible, les **conséquences environnementales** du modèle ou les **conflits d'usage** qu'il peut susciter.
5. Analyser les **mutations majeures** de ces espaces depuis les années 1950, lorsque l'on dispose d'une édition plus ancienne de la carte ou de documents statistiques.

3.3 Les vignobles français

Les vignes françaises ont été dévastées par le phylloxera dans la deuxième moitié du XXe siècle, ce qui a conduit à un fort recul des surfaces cultivées. Mais la viticulture n'en est pas moins aujourd'hui encore une activité agricole puissante. Les vignobles français occupent 774 000 hectares (moins de 2 % de la superficie nationale), soit la 2e superficie au monde après l'Espagne, sur lesquels 84 000 viticulteurs produisent un peu plus de 50 millions d'hectolitres par an. Cela représente environ 17 % du vin mondial. Il s'agit du 3e secteur économique exportateur national et du 1er secteur exportateur agroalimentaire. La filière vin représente 250 000 emplois directs (viticulteurs, saisonniers, négociants…) et indirects.

• Repérer les facteurs de localisation des vignobles

Les facteurs de localisation du vignoble éventuellement présent sur la carte sont à analyser. Certains sont visibles sur l'extrait, d'autres nécessitent de mobiliser des connaissances. Ils sont d'ordre naturel, mais aussi historique et logistique, et sont à l'origine de la spécificité du terroir viticole.

Les facteurs pédologiques et climatiques sont de différentes natures. La vigne nécessite une certaine chaleur estivale, si bien qu'au-delà de l'isotherme 18 °C de juillet, les étés sont trop frais et trop peu ensoleillés pour la maturation du raisin. Une exposition au sud permet aux vignes de recevoir davantage de chaleur. La vigne craint l'humidité, si bien que les sols mal drainés sont peu propices. La perméabilité des sols sableux ou calcaires et la pente favorisent l'écoulement de l'eau et permettent un bon drainage.

La nature des sols détermine les cépages cultivés : par exemple, on trouve du pinot noir sur les coteaux calcaires de Bourgogne et du gamay sur les terrains granitiques. La vigne, comme tous les arbres fruitiers, craint les vents violents et les orages qui abîment les grains, si bien que le vignoble est souvent localisé en position d'abri : un abri climatique avec la diffusion de la douceur océanique par la Gironde pour le Bordelais, et le Val de Loire ; ou un abri topographique pour les vignobles sous côtes comme les vignobles alsaciens ou bourguignons. Enfin, la vigne craint le gel, ce qui explique que les vignobles septentrionaux soient systématiquement orientés à l'est afin de limiter les gelées matinales.

D'autres facteurs interviennent, tels que les facteurs historiques qui varient d'une région à une autre. On peut citer notamment le rôle du passage de la papauté en Avignon au XIVe siècle qui a entraîné un saut qualitatif du vignoble de la vallée du Rhône en général, et de celui de Châteauneuf-du-Pape en particulier. On peut également rappeler que la Guyenne, dont la capitale était Bordeaux, a longtemps appartenu aux Anglais, ce qui a participé à l'exportation précoce des Cognacs et des vins du Bordelais. Mais on peut aussi citer la période d'itinérance de la cour de France des XVIe et XVIIe siècles entre les différents châteaux du Val de Loire (Chambord, Azay-le-Rideau, Blois, Amboise…), qui a conduit à une valorisation des vignobles ligériens.

Enfin, du point de vue logistique, les vignobles sont le plus souvent situés à proximité d'axes majeurs, comme la vallée du Rhône, de la Loire, du Rhin ou du seuil de Bourgogne. Le port fluvial de Bordeaux a joué un rôle historique dans l'exportation du vin.

• Des vignobles à l'origine de différents systèmes économiques

Les vignobles sont à l'origine de systèmes économiques plus ou moins intégrés. Il y en a 3 principaux en France. Le système du vignoble de château, au sein duquel le vin porte le nom du domaine, est caractérisé par une forte intégration verticale. Le raisin est produit, vinifié, mis en bouteille et commercialisé sur place. À l'origine, ces exploitations appartenaient au viticulteur ou aux bourgeois des villes voisines, aujourd'hui les plus prestigieuses appartiennent à des investisseurs français ou étrangers. C'est notamment le cas du vignoble bordelais.

Le système du vignoble de terroir, au sein duquel le vin porte le nom d'une commune (comme Vouvray, Chateauneuf-du-Pape, Bandol) ou plus largement d'un terroir (comme les Graves, le Beaujolais ou les Côtes de Nuit) est caractérisé par une intégration verticale variable. Le raisin est produit par le viticulteur mais la vinification, la mise en bouteille et la commercialisation se font soit au domaine, soit dans le cadre d'une coopérative viticole (la plupart datent du début du XXe siècle) indiquée sur les cartes. La coopération viticole représente 41 % de la production de vins dont 40 % des AOC. Ces dernières sont particulièrement nombreuses en Languedoc et en Bourgogne.

Enfin, le système du vignoble de cépage, au sein duquel le vin porte le nom du cépage, correspond à un système dominé par la production en coopératives. Les vins qui portent un nom de cépage sont les rares vins français produits à partir d'un seul cépage : on parle alors de vin monocépage, contrairement à la grande majorité des vins qui sont dits d'assemblage. C'est le cas de deux vignobles en France : les vins d'Alsace et une partie des vins du Jura.

D'autres systèmes économiques existent, mais ils sont plus ponctuels et caractérisés par une intégration verticale faible ou inexistante. C'est le cas du modèle économique du vignoble de Champagne au sein duquel les bouteilles portent le nom des marques de Champagne telles Taittinger, Moët&Chandon, Perrier, Mumm, Ruinart, Pommery, Veuve-Cliquot, etc. La production du vin sépare d'un côté les viticulteurs ruraux qui vendent leur production à l'état de vin tranquille, c'est-à-dire qu'ils vendent le vin issu des vendanges mises à fermentées. Ces vins tranquilles sont ensuite achetés par les maîtres de chai urbains qui élaborent le Champagne dans les caves de Reims ou Epernay repérables sur les cartes. Ils assemblent différents vins, issus de différents domaines, différents cépages et même différentes années pour arriver à un goût qui sera la signature des différentes maisons.

Les vignobles à eau-de-vie, en particulier celui du Cognac, suivent le même protocole. La culture des raisins et le premier jus sont confiés aux viticulteurs, mais la double distillation et le vieillissement pendant au moins 2 ans sont réalisés par des maîtres de chai qui cherchent à conserver les spécificités gustatives de leur « maison ».

• Des vignobles qui évoluent

Les vignobles connaissent des évolutions différenciées. Le vignoble languedocien, ancien vignoble de masse en monoculture, est aujourd'hui en profonde restructuration. Confronté à la concurrence des vins du Nouveau Monde, il a connu depuis les années 1970 un fort recul des surfaces et une évolution vers la qualité. Certaines aires d'appellation s'étendent comme celle du Champagne. Et de petits vignobles connaissent aujourd'hui un nouveau dynamisme, comme dans le Jura ou en Savoie. Les grands vignobles de qualité se maintiennent, même face à l'étalement urbain qui mite les vignobles périurbains, mais bénéficient de plus en plus d'investissements étrangers comme dans le Bordelais. Et l'on observe sur la carte de nombreuses activités induites par la présence de ces prestigieux vignobles autant dans l'industrie (tonnellerie, chaudronnerie, verre, bouchon, imprimeries…) que dans le tourisme.

Où trouve-t-on les principaux vignobles français ?

• Les grands vignobles

– Le vignoble bordelais autour de Bordeaux dans l'estuaire de la Gironde.
– Le vignoble bourguignon qui commence au nord de Lyon et se prolonge jusqu'à Dijon.
– Le vignoble ligérien sur les terrasses de la Loire entre Tours et Angers.
– Les vignobles du Sud-Ouest dans la plaine du Languedoc et jusqu'aux Pyrénées.
– Le vignoble rhodanien dans la vallée du Rhône.
– Le vignoble alsacien sur le piémont vosgien.
– Le vignoble champenois.

• **Les vignobles de taille ou de renommée plus modestes**
– Le vignoble corse.
– Le vignoble jurassien.
– Le vignoble de Savoie.
– Les vignobles provençaux.
– Le vignoble charentais.
– Le vignoble à eau-de-vie du Cognaçais.

Comment commenter un espace viticole ?

1. Situer le vignoble au sein de la **géographie viticole** dans un ensemble régional.
2. Analyser les **facteurs de localisation** à différentes échelles : facteurs naturels, historiques et logistiques.
3. Caractériser le **type de vignoble** par sa qualité, son système économique et si possible son évolution : figé, en recul, en reconversion, notamment si l'on dispose de statistiques agricoles.
4. Étudier l'**organisation de l'espace viticole** et le **système de production** : taille des parcelles, situation des villages, présence de bâtiments de production, de coopératives viticoles, de châteaux…
5. Envisager la **valorisation** du vignoble au travers par exemple de « route des vins ».
6. Identifier d'éventuels **conflits d'usage**, par exemple entre la viticulture et le mitage périurbain ou touristique.

3.4 Les cultures délicates

Un dernier type d'activités agricoles est visible sur certaines cartes : les cultures délicates, c'est-à-dire les cultures fruitières et maraîchères de plein champ ou sous serre, mais aussi les cultures horticoles. L'horticulture dédiée à la parfumerie de luxe de la région de Grasse est visible sur la carte grâce aux distilleries. Les cultures de plantes à parfum et aromatiques sont également pratiquées sur l'île de La Réunion, à Mayotte et dans les Antilles. On y produit de la vanille, mais aussi du vétiver, de la girofle et de l'ylang-ylang qui entrent dans la composition de nombreux parfums. Ces cultures sont repérables sur la carte notamment grâce aux toponymes.

Ces activités sont pratiquées dans des espaces agricoles très intensifs. Leur développement est souvent à mettre en relation avec une situation d'ouverture et une bonne desserte : le maraîchage s'est par exemple développé dans le Comtat Venaissin avec l'arrivée du chemin de fer. Ces espaces agricoles possèdent des densités rurales relativement élevées car ils requièrent une main-d'œuvre importante, surtout pour les opérations de cueillette. Pour cette raison, les cultures délicates françaises subissent une forte concurrence de la part de l'Espagne, de l'Italie et, de plus en plus, du Maroc où la main-d'œuvre et les terres sont moins coûteuses. En effet, ces espaces d'agriculture spécialisée sont souvent soumis à de fortes pressions périurbaines comme dans le Comtat Venaissin ou sur les hauteurs de Grasse.

Où trouve-t-on les cultures délicates ?

Les cultures délicates sont présentes en métropole et dans les DROM, mais sont très localisées :

– Dans le Comtat-Venaissin : maraîchage avec les salades ou les artichauts, fruits comme les tomates, les fraises, les melons et légumes primeurs c'est-à-dire les premiers récoltés de la saison.

– Dans la vallée du Rhône : des cultures fruitières comme les pêches, les nectarines et les kiwis dans la Drôme, les vergers de noix de l'Isère ou la lavande plus au sud.

– Dans les Préalpes de Grasse : horticulture de plantes à parfum (rose, jasmin, lilas…), mais aussi des oliveraies.

– Dans le val de Durance : surtout des pommes.

– Dans la plaine du Roussillon, et en particulier dans la plaine du Tech et dans la plaine du Riberal : des abricots, des cerises.

– Dans la « ceinture dorée » de la Bretagne, en particulier dans le Léon : des légumes comme le chou-fleur, la pomme de terre et l'artichaut.

– Localement, on rencontre des spécialisations à très grande échelle, avec des productions labellisées en AOC tels que l'oignon des Cévennes, les olives de Nyons, les cocos de Paimpol en Bretagne, ou les pommes de terre primeur de l'Île de Ré.

– Enfin, en Outre-mer sont cultivées des plantes tropicales comme la canne à sucre, les bananes, mais aussi des plantes à parfum comme le géranium, la vanille, le vétiver ou l'ylang-ylang aux Antilles et dans les DROM de l'océan Indien.

4. Les enjeux de durabilité des espaces ruraux sur la carte

Les espaces ruraux, dans leurs dynamiques, sont confrontés à de nouveaux enjeux de durabilité à la fois environnementale, sociale et économique qu'il faut inclure dans le commentaire.

4.1 Des enjeux socio-économiques

Les espaces agricoles sont soumis à des enjeux socio-économiques multiples. La population active agricole est décroissante, mais aussi vieillissante : l'âge moyen des chefs d'exploitation était de 48,9 ans en 2015, et ils ont de plus en plus de mal à trouver des repreneurs pour leurs exploitations. Les revenus de la majorité des agriculteurs français sont étroitement liés aux aides et subventions de la PAC qui ne compensent plus la tendance à la baisse des cours, comme dans le cas de l'élevage porcin ou laitier. La concurrence internationale, très sensible dans le maraîchage ou la culture des fruits, ainsi que dans l'élevage porcin, et dans une moindre mesure pour les vignobles, est aussi un facteur important de fragilisation.

La déprise de certains espaces ruraux s'observe sur la carte en montrant que la densité y est significativement moins élevée que la moyenne française, mais aussi en notant la présence de bâtiments en ruines, ou encore de champs envahis par les broussailles ce qui signifie qu'ils sont laissés à l'abandon. En réaction à cette déprise, la pluriactivité se généralise chez les exploitants agricoles. Il peut s'agir d'un emploi pour le conjoint dans les services (administration locale, commerce, services à la personne) dans la ville voisine, ou bien d'un accueil touristique dans le cadre de chambre d'hôtes ou de campings à la ferme.

Comment calculer une densité de population ?

- Pour donner une dimension concrète à l'analyse du peuplement, on peut calculer la densité de population approximative. Elle permet de donner un ordre de grandeur.
- Il suffit pour cela de **diviser le nombre d'habitants** – en additionnant la population de différentes communes – **par la surface concernée** mesurée en km². Pour faciliter ces mesures, on s'appuie sur le carroyage : un carreau = 1 km². Et l'on se rappelle qu'un extrait A2 (format de l'épreuve de la BEL) représente 150 km².
- La valeur obtenue doit être **contextualisée**, c'est-à-dire qu'elle doit être comparée à la densité moyenne nationale (115 hab./km²) et à des densités moyennes significatives comme celles des espaces urbains (840 hab./km²), des espaces à dominante urbaine (225 hab./km²), des espaces périurbains (74 hab./km²), des espaces ruraux (35 hab./km²) et des espaces ruraux de faible densité (moins de 30 hab./km²).

Comment identifier les différents types d'espaces ruraux ?

Type d'espace rural	Situation	Densité	Fonctions et activités	Thématiques à étudier
Rural périurbain sous influence urbaine	À proximité immédiate de villes grandes et moyennes Bien desservis, à proximité d'axes et d'échangeurs autoroutiers ou de gares	Supérieure à 50-80 hab./km²	Fonctions résidentielles et présentielles (services) Activités relevant du desserrement urbain comme les zones d'activités, les technopôles, les centres commerciaux…	Facteurs de la périurbanisation résidentielle et fonctionnelle Avancée du front de périurbanisation Conflits d'usage
Rural agricole, industriel ou touristique	Dans la zone d'influence des métropoles	Entre 35 et 50 hab./km²	Relativement spécialisées : dans l'agriculture, les activités industrielles, ou touristiques	Organisation du peuplement Maintien d'une relative dynamique
Rural de faible densité en crise	Éloignement des grands axes et pôles urbains, enclavement, parfois distance-temps importants Souvent situés en périphérie des départements Parfois traversés par des axes mais avec un effet-tunnel	Moins de 30 hab./km²	Rareté des services commerciaux et médicaux Maintien relatif des services publics Déprise agricole Parfois développement de fonctions touristiques	Fragilité Recul ou déclin des activités et surtout des services

Au-delà des enjeux strictement agricoles, ce sont les espaces ruraux dans leur ensemble qu'il faut considérer. Ils sont en effet de moins en moins exclusivement agricoles, et sont redéfinis dans le cadre d'un territoire français très majoritairement urbain et polarisé par les villes. La profonde recomposition des rapports villes-campagnes se traduit par une certaine diversification. Il faut dès lors pouvoir classer le territoire représenté sur la carte parmi les grands types d'espaces ruraux : sous influence urbaine, organisés autour de leur fonction agricole ou industrielle, ou en crise.

Mais il ne faut surtout pas tomber dans le cliché d'espaces agricoles uniformément en déprise car certains demeurent très prospères, comme les grandes cultures du Bassin parisien, les vignobles prestigieux, ou encore l'élevage bovin de races de qualité. Les situations sont localement contrastées : la présence de petites villes comme Saint-Flour en Auvergne joue un rôle majeur dans l'organisation de l'espace, l'installation de retraités français ou anglais en Normandie ou dans le Périgord, ou encore le développement d'activités touristiques comme dans la Drôme, compensent en partie ce déclin. Le sud du Massif central ou les Pyrénées regagnent ainsi des habitants, au contraire des Ardennes qui demeurent à l'écart de l'influence des villes. Même traversés par des axes importants reliant des métropoles, certains espaces n'en tirent pas bénéfice et sont victimes d'un effet-tunnel.

4.2 Des enjeux environnementaux

La pratique de l'agriculture productiviste est à l'origine d'importants problèmes environnementaux. La débocagisation, c'est-à-dire l'arrachage des haies, a causé de sérieux dégâts. Elle a entraîné une augmentation des inondations et des sécheresses car les haies vives jouaient un rôle de régulateur hydrique. On a également observé une augmentation du nombre de nuisibles (insectes et rongeurs) auparavant mangés par les nombreuses espèces d'oiseaux qui nichaient dans les haies. La débocagisation a bouleversé les écosystèmes, augmenté l'érosion et détruit des formes paysagères traditionnelles. Si bien que ces pratiques ont été rapidement dénoncées, ce qui explique localement du rembocagement.

Autre enjeu environnemental, l'utilisation massive d'intrants (engrais et pesticides) est à l'origine des 2/3 de la pollution des eaux en France. La majorité des cours d'eau bretons sont pollués mais ce ne sont pas les seuls : l'ensemble des régions de grandes cultures est concerné par cette pollution invisible mais réelle. Les pesticides sont aussi à l'origine du fort recul de la population d'abeilles, qui jouent pourtant un rôle fondamental dans la pollinisation et donc dans la reproduction des végétaux. L'intensification de la production de bananes aux Antilles est également à l'origine d'un drame environnemental. Le chlordécone y a été massivement utilisé entre 1972 et 1993 contre le charançon du bananier, alors même que l'OMS l'avait qualifié de « cancérigène possible pour l'homme et perturbateur endocrinien ». Mais, sous la pression des grands exploitants, la France a autorisé son utilisation 15 ans de plus, entraînant la contamination de nombreux sols et aquifères. Or la toxicité du chlordécone est telle que l'INRA estime que la première grande vague de dépollution n'interviendra pas avant 2100 par lessivage naturel.

Enfin, l'irrigation soulève la question de l'utilisation de l'eau, parfois conflictuelle, comme en été ou lors d'épisodes de sécheresses. Les milieux les plus fragiles, comme les écosystèmes ultramarins ou les milieux humides comme le marais poitevin, sont les plus fortement exposés à ces dégradations environnementales.

FOCUS : Le « modèle agricole breton »

• L'agriculture bretonne est intensive : sa productivité a été décuplée depuis les années 1950, passant d'une polyculture de subsistance à une agriculture spécialisée dans l'élevage hors-sol avicole, porcin et bovin, et dans le maraîchage (les 3/4 de la production française de choux-fleurs ou d'artichauts).

• Ces spectaculaires progrès de rentabilité ont été faits dans les années 1970 grâce à la mécanisation et à l'utilisation massive de produits phytosanitaires (engrais, pesticides...). Mais ils sont aussi le résultat d'une intégration aux filières agro-alimentaires contrôlées par de grands groupes d'envergure mondiale, comme le groupe Doux, 1er producteur européen de volailles. L'alimentation animale en soja ou maïs est en partie importée grâce à des infrastructures spécialisées dans les ports de Lorient ou Brest. Le bétail est ensuite transporté vers des abattoirs et la viande est transformée en produits finis, eux-mêmes redistribués vers le marché national et mondial.

• Cependant, ce modèle intensif et productiviste connaît des dérives sociales et environnementales. L'usage excessif d'engrais ainsi que l'épandage de lisier de porcs pour fertiliser les champs conduisent à une saturation des sols en nitrates qui contaminent les nappes phréatiques lorsqu'il pleut. La moitié des cours d'eau n'est plus potable en Bretagne. Et l'écoulement des eaux polluées dans la mer entraîne la prolifération d'algues vertes qui constituent une nuisance pour les touristes car elles couvrent les plages, dégagent des odeurs nauséabondes, et produisent des gaz mortels à haute dose. Or la situation évolue peu, malgré la condamnation de la France par la Cour européenne de justice en 2013 et en 2014 pour non-respect des normes environnementales communautaires.

• Mais les limites sont aussi sociales, car de nombreux agriculteurs connaissent de graves difficultés économiques. C'est notamment le cas des éleveurs qui se sont fortement endettés dans les années 1970-1980 pour moderniser, intensifier et robotiser leurs exploitations. Aujourd'hui confrontés à un contexte fortement concurrentiel, ces agriculteurs ont du mal à vivre correctement : les négociations difficiles avec les grandes centrales d'achat et les prix bas des porcs danois et allemands les empêchent de dégager suffisamment de marges. Cette situation explique les manifestations régulières.

• La remise en cause du modèle breton le reconfigure progressivement, autour de la définition de normes, de l'élaboration de labels comme celui du veau bretanin, ou du développement de l'agriculture biologique. Mais ce nouveau modèle breton reste encore marginal.

4.3 Quelles réponses aux défis des espaces agricoles et ruraux ?

Différentes initiatives s'efforcent de répondre aux enjeux environnementaux et socio-économiques des espaces agricoles, essentiellement dans le domaine productif.

Les pratiques agricoles évoluent. Des exploitations se convertissent ainsi à l'agriculture biologique qui n'utilise ni engrais ni pesticides, bénéficie depuis 2012 d'un label officiel, et concerne aujourd'hui plus de 12 000 exploitations soit 2 % de la surface agricole utilisée (SAU). D'autres adoptent des pratiques intermédiaires comme l'agriculture raisonnée qui réduit l'utilisation d'intrants au minimum. Les signes de qualité se multiplient pour valoriser les productions et leurs terroirs. C'est le cas des AOC et AOP, mais aussi des nombreux labels de qualité tels que le Label rouge qui distingue depuis les années 1960 des produits de qualité supérieure comme l'ail rose de Lautrec ou encore le bœuf fermier de l'Aubrac.

Enfin, de nouvelles formes de commercialisation apparaissent pour mieux rémunérer les agriculteurs et répondre aux nouvelles préoccupations des consommateurs. Il s'agit des circuits courts qui réduisent au minimum les intermédiaires de la commercialisation, ce qui se traduit parfois par de la vente directe. C'est aussi le cas des AMAP (associations pour le maintien de l'agriculture paysanne) : elles associent les exploitants à des groupes de consommateurs qui participent à la vie de l'exploitation (choix des cultures, aide à la vente, abonnements pour sécuriser les revenus paysans).

Ponctuellement, les politiques de valorisation de l'innovation que sont les pôles de compétitivité (*cf.* chapitre 4) contribuent à élaborer des filières plus durables. C'est le cas avec le pôle « Céréales Vallée » en Auvergne.

FOCUS : Qu'est-ce qu'un terroir ?

• Le terroir se définit comme une combinaison de facteurs historiques, environnementaux et culturels. Cette notion souligne l'enracinement d'une production dans une aire déterminée, liée à des conditions locales bien précises, à l'origine d'un savoir-faire spécifique et de paysages ou même des éléments architecturaux modelés par une activité agricole donnée. La qualité exceptionnelle de certains terroirs viticoles bourguignons, les « climats de Bourgogne », leur vaut une inscription au Patrimoine mondial de l'UNESCO depuis 2015. La différenciation des terroirs peut s'opérer à des échelles régionales mais aussi locales voire à celle du finage, c'est-à-dire du territoire communal.

• La notion de terroir a été institutionnalisée, sous le nom d'appellation d'origine contrôlée (AOC). La première appellation est le roquefort (1926), un fromage de brebis dont les pâturages sont géographiquement limités et affiné exclusivement dans les caves de la montagne du Combalou. Pour bénéficier de l'appellation, les producteurs sont tenus de respecter un cahier des charges contrôlé par l'Institut national des appellations d'origine (INAO). Pour le vin, le cahier des charges précise l'aire d'appellation, les dates de vendanges, les rendements à l'hectare, les méthodes et adjuvants éventuels de la vinification, le degré d'alcool. Ces critères peuvent être contestés : la firme Lactalis est parvenue à imposer la pasteurisation du lait servant à la fabrication du camembert traditionnellement élaboré à partir de lait cru. Et l'aire d'appellation du Champagne est en cours d'extension, à la demande de producteurs souhaitant bénéficier de son prestige.

• La France a été pionnière dans la définition des appellations, et a inspiré une réglementation de l'Union européenne des appellations d'origine. La plus prestigieuse, équivalente des AOC, est l'appellation d'origine protégée (AOP), mais il existe aussi un label d'indication géographique protégée (IGP) moins contraignant.

• Ces appellations permettent le maintien de savoir-faire locaux traditionnels et l'entretien de paysages, qui ne doivent pas être considérés comme étant en opposition avec une supposée modernité. Le terme de terroir est ainsi souvent utilisé comme un outil de promotion des produits.

Enfin, les espaces ruraux bénéficient de différents dispositifs d'aménagement. Il s'agit en premier lieu de la délimitation de territoires de protection de la nature. Les PNR, parcs naturels régionaux (51 en 2016), ont été créés dans les années 1970. Ils ont pour but de concilier les trois pôles du développement durable, c'est-à-dire les enjeux de préservation environnementale, d'équilibre social et de pérennité économique, permettant ainsi la collaboration d'acteurs au service d'un projet défini dans une charte. Les PNR constituent aussi une véritable marque. La marque « Parc naturel régional » et son logo permettent d'identifier les territoires classés et les actions qui sont menées dans ce cadre. Ainsi certains produits, services ou savoir-faire peuvent obtenir la marque « produit du PNR », « accueil en PNR » ou « savoir-faire du PNR ». Les PNN, parcs naturels nationaux (10 en 2016), dont les premiers datent de la fin des années 1950, préservent les milieux naturels d'exception. Chaque parc national est divisé en deux zones : d'une part un cœur de parc où la présence humaine est limitée et la fréquentation touristique comme les activités strictement réglementées notamment dans la réserve intégrale, et d'autre part une aire optimale d'adhésion qui correspond davantage aux objectifs d'un PNR. Les limites des parcs sont toujours figurées sur les cartes par un traité épais vert, continu ou discontinu.

Toujours dans une logique de projet, certains territoires ruraux peuvent bénéficier de l'équivalent rural de la politique des pôles de compétitivité : les pôles d'excellence rurale (PER), qui soutiennent près de 300 territoires ruraux innovants. C'est par exemple le cas pour le PER « E-Corrèze » visant à développer l'économie numérique en milieu rural, ou de l'« Écopôle du Bois » en Côte-d'Or, visant à valoriser la filière bois.

Commenter un espace rural : l'exemple de Beaune

Source : Extrait de la carte IGN au 1/25 000 Beaune 3024 O, 2016.

Localisation

- L'agglomération de Beaune est située dans l'est de la France, en Bourgogne, au contact de la Côte-d'Or, à une trentaine de kilomètres au sud de Dijon.

Commentaire des activités et paysages ruraux

- Il s'agit d'un site de contact entre trois terroirs différenciés : les plateaux bourguignons (Montagne de Beaune), le coteau qui assure une transition en pente vers la plaine.
- Chacune de ces unités fait l'objet d'une mise en valeur distincte. Le plateau est ici surtout forestier, mais les espaces défrichés et la présence de haies peuvent faire supposer la pratique d'un élevage extensif. En opposition, la plaine est l'espace de la grande céréaliculture, intensive avec de vastes parcelles et de petites structures industrielles ou de stockage.
- Mais c'est surtout le vignoble de la Côte-d'Or, de renommée mondiale, qui est remarquable. Ses logiques de localisation sont très sélectives. À petite échelle, l'excellence de la situation du carrefour bourguignon, d'ampleur nationale et européenne, est essentielle dans le développement du vignoble. Il doit être rattaché au vignoble bourguignon qui est un vignoble de terroir s'étendant de Mâcon au sud à Dijon au nord. Et on se trouve ici dans sa partie centrale, l'une des plus prestigieuses : la côte de Beaune, avec des crus très célèbres comme Pommard. À l'échelle plus locale, le coteau offre une situation d'abri, ainsi qu'une inclinaison idéale sur des terrains calcaires, permettant un bon drainage, d'où une extension en longueur de l'ensemble viticole, sur à peine un kilomètre de large. Néanmoins, à très grande échelle, il faut opérer des distinctions. Le degré de la pente ou l'exposition, très variables, sont des facteurs qui déterminent une multitude de microterroirs, expliquant la petite taille des parcelles, à mettre en relation avec une logique d'appellations (AOC).
- Le vignoble est organisé autour de petits bourgs tels que Pommard, avec un centre villageois tassé, une absence d'extension récente, et des vignes en contact direct avec le village. Cette proximité est le signe d'une concurrence pour l'utilisation d'un espace le plus possible laissé à la viticulture.

- Le vignoble est enfin le support d'une valorisation touristique, prenant appui sur la réputation et la dégustation de vins, sur les qualités paysagères mises en valeur avec le chemin de grande randonnée (GR), ou sur la dimension patrimoniale avec la visite du centre et des Hospices de Beaune, renommés pour leurs enchères annuelles de vin, dans la « capitale » du vignoble bourguignon.

Chapitre 3

Décrire et analyser les espaces urbains et périurbains

Objectifs

- Comprendre l'organisation des espaces urbains et périurbains.
- Repérer et dater les différents bâtis urbains.
- Identifier les logiques et contraintes de la croissance urbaine et périurbaine.
- Analyser les enjeux spatiaux, sociaux, environnementaux du développement urbain.

Les espaces urbains en France constituent le lieu de résidence et de travail de 77,5 % de la population (INSEE, 2013), dont environ 20 % dans l'agglomération parisienne et 20 % dans les 13 plus grandes villes de France. Ces espaces correspondent historiquement aux centres de décisions économiques et politiques, et aujourd'hui la métropolisation en fait les lieux d'impulsion des dynamiques économiques et démographiques du pays. Ces dynamiques en font des territoires essentiels à commenter de manière à rendre compte à la fois de leur histoire et de leurs enjeux.

Le commentaire d'espaces urbains se fait généralement en allant du plus général (le site, la situation, la forme globale de l'aire urbaine) aux détails du tissu urbain (formes architecturales, activités…), ainsi que des formes les plus anciennes aux plus récentes. Mais comme tout commentaire, l'analyse des espaces urbains ne doit pas être exclusivement descriptive. Au-delà de la description des espaces et fonctions urbaines, il convient d'identifier les grands enjeux du territoire et d'en expliquer les dynamiques en nourrissant le commentaire de connaissances.

1. Sites et situations urbains

1.1 Les sites : catégorisation, atouts et contraintes

• Les sites

Le site d'une ville peut être défini comme l'ensemble des caractéristiques de son cadre physique. À grande échelle, le site d'une ville correspond aux spécificités topographiques de son centre ancien. Il peut cumuler différentes caractéristiques topographiques. Par exemple, la ville de Perpignan occupe à la fois un site d'oppidum : le noyau médiéval est perché à plus de 40 mètres. Mais aussi un site de pont avec le franchissement de la Têt juste au nord du centre ancien.

De plus, on peut interpréter de plusieurs manières le site d'une ville en faisant varier l'échelle d'analyse. Par exemple, la ville de Bordeaux occupe à grande échelle un site de méandre en rive gauche de la Garonne, mais à petite échelle un site de fond d'estuaire de la Gironde.

Les sites les plus fréquents en France sont :

- les sites de pont comme ceux de Paris ou d'Avignon, qui peuvent aussi être des sites de confluence comme celui de Lyon ;
- les sites d'oppidum, c'est-à-dire des sites liés à la présence d'une petite butte fortifiée, comme ceux de Besançon, de Provins, ou d'Angers ;
- les sites de piémont comme ceux de Lourdes ou de Grenoble ;
- les sites d'estuaire comme ceux de Bordeaux ou de Nantes.

• Atouts et contraintes des sites

L'identification du site d'une ville est un passage obligé dans l'analyse urbaine, mais il n'a de sens que s'il est interprété, c'est-à-dire si l'on en analyse les atouts et les contraintes pour le développement urbain. Les sites de pont constituent souvent des atouts pour l'accessibilité des villes ainsi situées dans des corridors fluviaux. Les sites de piémont permettent en général de dominer une plaine ou de profiter du contact entre les dynamiques de la plaine et celles de la montagne. Mais certains sites peuvent aussi constituer une contrainte par leur exiguïté, comme c'est le cas de Grenoble ou Nice, par leur faible accessibilité comme c'est le cas du Mont-Saint-Michel, ou encore par les risques naturels auxquels ils sont exposés comme Saint-Pierre sur l'île de la Martinique.

1.2 Les situations : catégorisation, évolutions et jeux d'échelle

• Les situations

La situation d'une ville peut être définie comme l'ensemble des caractéristiques géographiques d'un espace urbain résultant de sa relation aux autres espaces. On ne s'intéresse plus à la ville dans son environnement naturel, mais à la position de la ville par rapport aux frontières, aux autres villes, et au réseau des voies de communication. Au-delà de la connaissance de la géographie de la France et des informations disponibles sur la carte (présence d'une frontière, d'une grande agglomération, d'importants axes de circulation…), on trouve sur le carton de localisation[1] de précieuses indications.

Les situations les plus fréquentes en France sont :

- les situations de carrefour comme celles d'Orléans ou de Lyon ;
- les situations frontalières comme celles de Nice, Strasbourg, Mulhouse ou Perpignan ;
- les situations de périphérie comme celles de Cherbourg ou d'Oyonnax ;
- les situations de relais administratifs comme Châlons-en-Champagne ou Clermont-Ferrand ;
- les situations de tête de pont comme celles de Saint-Nazaire ou Le Havre.

Et de même qu'une ville peut avoir plusieurs caractéristiques de site, elle cumule plusieurs spécificités de situation. La situation d'une ville varie en changeant d'échelle d'analyse. À grande échelle, la situation correspond à l'insertion d'une ville dans l'espace administratif, économique et logistique local ou régional. Tandis qu'à petite échelle, on s'intéressera à son insertion

1. On appelle carton de localisation la ou les cartes représentées à des échelles plus petites sur la couverture de la TOP 25, c'est-à-dire sur la partie bleue où sont inscrits le nom et le numéro IGN.

dans les logiques nationales ou européennes. La ville de Mulhouse, par exemple, présente à l'échelle nationale une situation de carrefour entre un axe de circulation méridien entre la Suisse et la région parisienne, et un axe de circulation longitudinal entre la plaine d'Alsace et le sillon rhodanien. Enfin à l'échelle européenne, elle a une situation multi-frontalière grâce à la proximité immédiate à la fois de l'Allemagne et de la Suisse.

Et la situation d'une ville varie aussi dans le temps : les changements administratifs, économiques ou frontaliers ont fait ou font évoluer la situation de certaines villes. Par exemple, au cours du XXe siècle, la ville de Strasbourg est passée d'une situation de marge convoitée entre la France et l'Allemagne, à une situation de centralité européenne. Autre exemple plus récent, avec la refonte de la carte des régions françaises, la ville de Châlons-en-Champagne perd sa situation de capitale de région pour n'avoir plus qu'une situation de modeste relais administratif.

Figure 3.1 Carton de localisation de la carte de Montpellier

Source : Extrait de la carte IGN au 1/25 000 Montpellier-Pavalas-Les-Flots 2743 ET, 2003.

• Atouts et contraintes des situations

Comme pour le site, la situation d'une ville n'a de sens que si elle est interprétée, c'est-à-dire si l'on en analyse les atouts et les contraintes pour le développement urbain. La situation permet de juger de l'insertion d'une ville dans un territoire dont certaines caractéristiques ont pu changer.

Certaines situations sont source de contraintes comme les situations de périphérie qui constituent un obstacle à leur intégration économique. D'autres situations constituent le plus souvent un atout comme les situations de carrefour ou de capitale. En revanche, certaines situations présentent à la fois des avantages et des inconvénients pour les dynamiques urbaines. C'est notamment le cas des situations frontalières qui constituent un facteur de dynamisme économique pour les entreprises et les travailleurs transfrontaliers qui tirent profit des disparités en matière de fiscalité comme avec la Belgique ou le Luxembourg, de monnaie comme avec la Suisse, ou de coût de la vie comme avec l'Espagne. Mais ces mêmes situations frontalières peuvent constituer une contrainte lorsque les ressortissants du pays voisins sont à l'origine de l'engorgement des axes de communication, ou de la hausse des prix de l'immobilier qui deviennent inaccessibles aux locaux.

Comment commenter le site et la situation d'une ville ?

Décrire :

1. le **site** dans ses différentes caractéristiques en faisant varier l'échelle, puis identifier les éventuelles contraintes et/ou atouts majeurs susceptibles d'influencer la croissance urbaine ;
2. la **situation** dans ses différentes caractéristiques, en rappelant les principales évolutions qu'elle a pu connaître avec le temps, en faisant varier l'échelle, puis identifier les éventuelles contraintes ou atouts majeurs susceptibles d'influencer la croissance urbaine.

2. Morphologie, dynamiques et enjeux des centres-villes

Après avoir décrit le site et la situation, il importe d'en venir plus précisément aux formes urbaines. L'objectif est d'y lire les grands temps de l'histoire de la ville ainsi que les enjeux actuels du territoire. Afin de rendre compte de l'histoire urbaine, on décrit d'abord les quartiers les plus centraux qui sont généralement les plus anciens, et l'on progresse vers la périphérie en précisant autant que possible la période à laquelle le bâti a été construit.

2.1 Trame romaine, noyau médiéval et extensions modernes

• L'héritage gallo-romain : *cardo* et *decumanus*

Un certain nombre de villes françaises ont conservé des traces de l'époque romaine. Il peut s'agir de monuments comme les arènes d'Arles, le théâtre antique de Fourvière à Lyon, la Maison Carrée à Nîmes... Mais il peut également s'agir de la trame des rues du centre-ville qui est parfois encore structurée par le croisement orthogonal du *cardo* (axe nord-sud) et du *decumanus* (axe est-ouest). Ils sont par exemple visibles dans le centre de Paris puisque le *cardo* correspond à la rue Saint-Jacques et le *decumanus* à la rue Soufflot.

La plupart du temps cependant, les monuments de l'époque gallo-romaine ont été détruits, et le *cardo* et *decumanus* ont disparu de la trame urbaine.

• Le noyau médiéval et les fortifications

Plus fréquent que les traces de la ville romaine, mais sans être systématique, on observe la présence en centre-ville d'un noyau médiéval. Le noyau médiéval est visible sur la carte à plusieurs éléments :

- une trame urbaine constituée par un bâti très dense (qui est représenté en gris), des rues étroites et tortueuses, et une forme générale ovoïde;
- des bâtiments emblématiques du pouvoir médiéval : l'église (parfois cathédrale ou basilique) généralement en position centrale qui symbolise le pouvoir religieux, le beffroi qui symbolise le pouvoir municipal, et éventuellement le château qui symbolise le pouvoir seigneurial;
- des fortifications encore visibles comme à Provins ou Carcassonne, ou dont il ne reste que peu de traces telles que des portes comme les Portes de Gand et d'Ypres à Lille, ou des tours comme dans le quartier de la Petite France à Strasbourg. Mais même si les fortifications ont été détruites, elles sont repérables sur la carte car leur tracé

a généralement été repris pour aménager un boulevard circulaire. Il est à noter que dans la plupart des villes, il a existé plusieurs lignes de fortifications, car les enceintes ont été reconstruites plus loin au fur et à mesure de la croissance urbaine. Il n'est donc pas du tout impossible de repérer d'anciennes lignes successives de remparts.

• Aménagements et tissu urbain de la ville du XVIIIe siècle

Au-delà du noyau médiéval apparaissent parfois des quartiers construits au XVIIIe et au début du XIXe siècle. Cette partie de la ville n'est visible que dans les villes ayant connu une prospérité suffisante au XVIIIe siècle pour entraîner leur expansion. On repère les espaces urbains datant de cette époque à une série d'éléments :

- une trame urbaine constituée par un bâti dense mais une trame classique, c'est-à-dire présentant des rues plus larges et un plan en damier ;
- la présence de quartiers hors les murs : les faubourgs qui portent souvent le nom de saints comme les faubourgs Saint-Honoré ou Saint-Antoine à Paris ;
- l'aménagement de grandes places carrées ou rectangulaires au milieu desquelles se trouve parfois encore une statue équestre comme la place Bellecour à Lyon, la place Stanislas à Nancy ou la place des Quinconces à Bordeaux. Mais aussi l'aménagement des promenades où la noblesse et la bourgeoisie venaient se montrer comme le Cours Belsunce à Marseille ou les Tuileries à Paris.

2.2 Aménagements et tissus urbains du XIXe siècle

Le XIXe siècle est, pour la plupart des villes françaises, un siècle d'intense croissance urbaine, de grands aménagements et de mise en place des premiers réseaux d'infrastructures modernes. L'emprise des quartiers construits ou réaménagés au XIXe siècle constitue un bon indicateur de l'ampleur de l'industrialisation connue à cette période par le territoire analysé. De plus, c'est aussi l'époque des premières stations touristiques (balnéaires ou de sports d'hiver) créées *ex nihilo* ou greffées sur de petits bourgs existants.

La deuxième moitié du XIXe siècle est une période cruciale pour l'aménagement de nombreux centres-villes. D'une part parce qu'un puissant mouvement d'exode rural pousse les ruraux vers les villes qui gagnent en population et s'étendent considérablement. D'autre part parce que l'haussmannisation, initiée à Paris par le baron Haussmann à la demande de Napoléon III, se diffuse à la plupart des grandes villes françaises. Les quartiers haussmanniens sont visibles à leur trame urbaine ample, régulière et géométrique, et qui se déploie souvent autour d'une grande rue appelée à l'époque « rue Impériale », mais débaptisée et souvent renommée « rue de la République ». C'est de ce mouvement d'haussmannisation que date la rue de la République à Marseille.

Le besoin d'espaces urbains entraîne souvent au XIXe siècle l'élargissement de la ville *intra muros* en repoussant les fortifications. Ce qui a libéré de larges emprises fréquemment utilisées pour aménager des boulevards circulaires, mais aussi pour installer des gares et voies ferrées.

L'amélioration des circulations dans la ville du XIXe siècle participe d'un urbanisme marqué par l'hygiénisme. L'élargissement de la voierie s'accompagne des premiers réseaux d'eaux et d'assainissement (invisibles sur une carte topographique), ainsi que de la création de parcs botaniques et zoologiques. Ces derniers ont à la fois vocation à créer des espaces verts dans la ville et à exhiber les plantes et animaux rapportés des colonies. Dans le même souci hygiéniste, les cimetières, auparavant situés autour des églises, sont désormais déplacés en périphérie. Si bien que les limites de la ville du XIXe siècle sont souvent bien visibles sur les cartes avec les gares et cimetières installés pour l'une en lisière, pour les autres en périphérie du centre-ville de l'époque.

Cependant ces différents quartiers, correspondant aux différentes époques de l'histoire urbaine française, ne sont pas lisibles sur toutes les cartes urbaines. D'une part parce que suivant l'histoire économique et politique de la ville, certaines époques ont pu ne pas être des périodes de croissance urbaine. Un certain nombre de villes, comme Grenoble ou Clermont-Ferrand, ne se sont pas développées au XVIIIe siècle, si bien que le tissu urbain et les aménagements emblématiques de cette époque sont rares ou absents de la carte. De même, certaines villes du sud de la France comme Toulouse ou Aix-en-Provence, en raison de leur industrialisation faible ou tardive, n'ont pas connu de développement notable au XIXe siècle, si bien que le bâti de cette époque apparaît peu ou pas sur la carte.

Figure 3.2 Le centre ancien de la ville de Reims

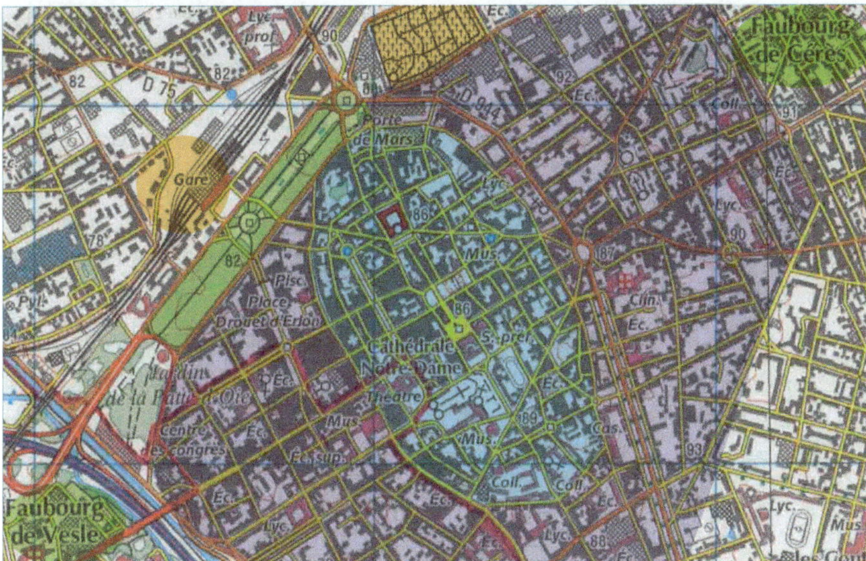

Noyau médiéval autour de la cathédrale Notre-Dame, et conservant la forme ovale des anciennes fortifications dont il reste la Porte de Mars

Aménagements du XVIIIe siècle : faubourgs et promenades

Aménagements du XIXe siècle : cimetière exurbanisé et gare ferroviaire

Densification des XIXe et début XXe siècles

Source : Extrait de la carte IGN au 1/25 000 Reims 2812 O, 2009.

2.3 Aménagements et tissus urbains contemporains : villes reconstruites et centres requalifiés

Le XXe siècle est le siècle à partir duquel la croissance urbaine devient majoritairement périurbaine. Cependant certains centres-villes ont connu – et connaissent encore – des modifications. Les aménagements des centres-villes qui datent du XXe ou du XXIe siècles sont généralement réalisés sur des quartiers détruits par la guerre, sur des quartiers dégradés ou encore sur des terrains abandonnés et constituant des friches industrielles, ferroviaires, portuaires ou militaires.

Un certain nombre de villes bombardées ont dû être reconstruites pour tout ou partie après 1945. Les villes les plus détruites ont été celles de la façade atlantique, ainsi que les villes du Nord et de Picardie. Leurs reconstructions ont été confiées à différents architectes, dont certains ont marqué l'histoire de l'architecture comme Auguste Perret au Havre et à Amiens, Fernand Pouillon et Le Corbusier à Marseille, ou André Laprade à Valenciennes.

Autre évolution, depuis les années 1970-1980, certains centres-villes font l'objet de grandes opérations urbaines. Dans tous les cas il s'agit, pour reprendre les propos d'Antoine Grumbach, de « faire la ville sur la ville[1] », mais selon des modalités différentes. En effet, il peut s'agir d'opération :

- de rénovation quand, comme dans le quartier de Mériadeck à Bordeaux, le bâti ancien est détruit pour reconstruire un nouveau quartier ;
- de restauration quand, comme dans le quartier du Vieux Lille à Lille, le bâti ancien est restauré à l'identique ;
- de requalification ou réhabilitation quand, comme dans le quartier de l'Île de Nantes à Nantes, le bâti ancien est partiellement conservé mais réaménagé pour accueillir de nouvelles activités ou populations.

Où trouve-t-on en France des centres-villes réaménagés après 1945 ?

- **Les centres-villes reconstruits après la guerre**

– Sur la façade atlantique et en Normandie : Royan, Brest, Saint-Nazaire, Lorient, Le Havre, Caen, Lisieux, Vire, Rouen, Dunkerque, Calais.
– En Picardie et dans le Nord : Amiens, Valenciennes.
– Dans le reste de la France (dans une moindre mesure) : Vieux port de Marseille, Boulogne-Billancourt, Châlons-en-Champagne, Tours, Saint-Étienne…

- **Les centres-villes ayant fait l'objet d'opération d'urbanisme**

– Opérations de rénovation : quartier Mériadeck à Bordeaux, quartier des Halles à Paris, quartier de la Part-Dieu à Lyon.
– Opérations de restauration : quartier de la Petite France à Strasbourg, quartier du Vieux Lille à Lille, Maison Carrée à Nîmes.
– Opérations de requalification urbaine : Antigone à Montpellier, Euralille à Lille, Grand Large à Dunkerque, Euroméditerranée à Marseille, Île de Nantes à Nantes, Carré d'Art à Nîmes, Confluence à Lyon…

1. Antoine Grumbach, « La ville sur la ville », *Projet Urbain*, n° 15, décembre 1998.

Comment commenter la morphologie urbaine d'un centre-ville ?

Décrire dans l'ordre – et dans la mesure de ce qui est visible sur la carte :

1. Le **noyau médiéval** au centre duquel apparaît l'église, entourée de rues étroites et tortueuses, et faisant apparaître une trame urbaine dense de forme ovoïde.

Attention ! Cette partie de la ville n'est pas visible que dans les villes ayant été créées après le XVe siècle comme dans la ville du Havre (fondé en 1517) ou de Brest (fortifiée en 1631) au moment de l'essor du commerce transatlantique.

2. Les **extensions et aménagements du XVIIIe siècle** autour du noyau médiéval qui apparaissent avec une trame urbaine en damier encore dense, des faubourgs, et des grandes places et des promenades. On retrouve cette trame en damier dans certains centres villes ultramarins.

Attention ! Cette partie de la ville n'est pas visible dans les villes ayant été créées au XIXe siècle que sont notamment les premières stations balnéaires comme Cabourg, La Baule ou Biarritz, ou encore les villes minières comme Liévin.

3. Les **extensions et aménagements du XIXe siècle** dont les limites apparaissent avec les cimetières et gare(s), et dont la trame urbaine est régulière, aérée et géométrique, et où l'on note la présence de parcs et jardins.

Attention ! Cette partie de la ville n'est pas visible dans les centres-villes ayant été largement détruits par les bombardements de la Seconde Guerre mondiale comme dans les villes du Havre ou de Brest (dont il ne restait que 4 immeubles dans le centre-ville en 1944).

4. Les **quartiers du centre-ville reconstruits, rénovés, restaurés ou requalifiés aux XXe et XXIe siècles** qui sont peu visibles. Il faut donc connaître les villes fortement touchées par les bombardements, ainsi que les grandes opérations urbaines en cours ou menées récemment en France. Les opérations urbaines apparaissent sur la carte seulement avec une trame urbaine et un bâti qui tranchent le plus souvent avec les quartiers des XVIIIe et XIXe siècles qui les entourent.

3. Morphologie, dynamiques et enjeux des espaces périurbains

Au-delà du centre-ville, c'est-à-dire au-delà de la ville du XIXe siècle, s'étendent les espaces périurbains. La périurbanisation est un phénomène récent à l'échelle de l'histoire urbaine, mais d'une grande ampleur car on considère que la population des métropoles françaises est pour près de la moitié périurbaine. Contrairement à ce que peut laisser penser le terme générique de banlieue, les espaces périurbains présentent en France une grande diversité fonctionnelle, architecturale et sociale. C'est de cette diversité, des enjeux et des contraintes qu'elle recèle qu'il faut rendre compte dans le commentaire.

3.1 Organisation et dynamiques des territoires périurbains

La première étape du commentaire consiste en une identification de la forme générale de l'aire urbaine. Il peut s'agir d'une croissance digitée, ou en doigts de gant, c'est-à-dire d'une aire urbaine s'étendant en suivant des axes le plus souvent constitués par le relief ou les voies de communication (routes ou lignes ferrées). C'est par exemple le cas de la métropole lilloise.

La croissance urbaine peut également se faire en tâche d'huile. On parle alors de croissance aréolaire ou radio-concentrique, c'est-à-dire que l'agglomération s'étend de manière assez uniforme en suivant un gradient de densité régulier des espaces proches du centre les plus denses, aux espaces éloignés moins denses. C'est le cas par exemple de l'agglomération bordelaise ou parisienne.

Enfin, il peut s'agir de croissance par mitage, c'est-à-dire que l'aire urbaine est discontinue et constituée de pôles secondaires le plus souvent greffés sur des noyaux villageois, ou s'insérant dans le paysage rural ou naturel. C'est le cas notamment de l'aire montpelliéraine.

Il est intéressant de noter que, quelle que soit la forme que prend la périurbanisation, on observe que plus on s'éloigne du centre-ville, plus la densité est faible, et plus la croissance démographique est forte. On peut facilement vérifier cette dynamique sur la carte grâce aux chiffres de population qui y sont indiqués, et que l'on comparera avec ceux fournis par des documents d'appuis tels que des statistiques ou une carte plus ancienne. Cette dynamique peut être schématisée grâce à la figure 3.3 ci-contre.

Comme pour le commentaire du centre-ville, après la description de la forme générale de l'aire urbaine, on en vient à décrire et analyser les différents bâtis périurbains en distinguant les espaces dont la fonction principale est résidentielle, des espaces urbains à vocation productive, récréative ou logistique.

Figure 3.3 Les dynamiques démographiques et spatiales périurbaines

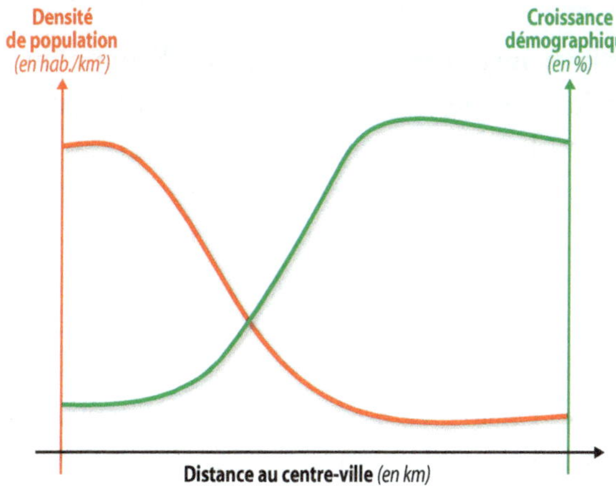

3.2 Étapes, morphologies et enjeux de la périurbanisation résidentielle

• Les prémisses de la périurbanisation

Les premières extensions périurbaines apparaissent à la fin du XIXe siècle et au début du XXe siècle. Elles prennent la forme d'un bâti collectif (immeubles de 5 ou 6 étages), en briques le plus souvent, ou de petites maisons individuelles. Ces espaces périurbains se trouvent en périphérie du centre-ville du XIXe siècle, si bien qu'ils sont aujourd'hui situés en position assez centrale à l'échelle des agglomérations. Il s'agit le plus souvent d'espaces urbains dédiés aux classes populaires ou moyennes.

On peut reconnaître sur certaines cartes les premiers logements sociaux que sont les habitations bon marché (HBM), comme à Paris le long des boulevards périphériques (boulevards dits «des Maréchaux»). Ils sont construits par les pouvoirs publics sur incitation de la loi Siegfried de 1894. Les HBM avaient pour vocation d'accueillir les provinciaux qui affluaient alors vers la capitale et de leur fournir «*un cadre éducateur d'ordre et de propreté*».

Mais les HBM n'ont pas été les seules initiatives en matière de logement social périurbain. Le patronat paternaliste de la fin du XIXe siècle avait à cœur de loger ses ouvriers : l'idée étant que le logement encourageait la famille et donc la morale, ce qui assurait la «*paix dans les ateliers*». Une des premières formes de logement ouvrier est le coron minier (sur lequel on reviendra dans le chapitre 4) : de petites maisons mitoyennes dotées d'un jardin attribuées aux familles de mineurs par leur employeur.

Les cités-jardins, inspirées du modèle du Britannique Ebenezer Howard (théoricien des *garden cities*), apparaissent également sur de nombreuses cartes urbaines. Les premières cités-jardins sont des quartiers pavillonnaires de petites maisons isolées ou mitoyennes, disposant souvent de jardins individuels ou collectifs, et destinés aux populations modestes. À partir de l'entre-deux-guerres, elles prennent de plus en plus la forme de quartiers d'immeubles collectifs. Les cités-jardins présentent la particularité d'avoir été construites avec un souci de qualité des bâtiments et des espaces extérieurs. Et elles avaient un fonctionnement relativement autarcique : commerces, écoles, loisirs sont installés dans le quartier.

Certaines cités-jardins ont été édifiées par les pouvoirs publics comme les 17 000 logements construits dans 20 sites de la région parisienne par l'Office HBM de la Seine. D'autres l'ont été par des chefs d'entreprise comme les cités-jardins du Foyer rémois à Reims, ou celle de l'entreprise Berliet à Vénissieux ou encore celle de la Compagnie des chemins de fer du Nord à Tergnier dans l'Aisne. Elles portent le plus souvent le nom de « cité » accompagné d'une colonie (Cité du Maroc, Cité du Tonkin…) ou d'une entreprise.

Mais dès l'origine, la croissance périurbaine a également été le fait de particuliers, notamment dans le cadre des « pavillons Loucheur », ces petites maisons construites grâce aux incitations fiscales de la loi Loucheur de 1928 afin d'aider les populations modestes à accéder à la propriété. Cette loi s'inscrivait dans un contexte de peur des banlieues rouges, et était fondée sur l'idée qu'un propriétaire n'est pas un révolutionnaire. Certains de ces pavillons Loucheur ont été autoconstruits collectivement dans le cadre du mouvement coopératif des castors. C'est notamment le cas du quartier des Castors de Servières bâti en périphérie de Marseille par les dockers du port.

Ces espaces périurbains précèdent la motorisation de la société française et se trouvent donc à proximité des usines et mines, ou bien d'anciennes gares ferroviaires qui permettaient aux ouvriers d'aller travailler à pied, à bicyclette, en train ou grâce aux premières lignes de métro.

• *La Charte d'Athènes* et les grands ensembles

L'après-guerre correspond à une période d'effervescence urbanistique qui se traduit par une période d'intense périurbanisation. En effet, les années 1950 sont une période de grave pénurie de logements à cause des bombardements, mais aussi de l'exode rural et du baby-boom. C'est également une époque d'importants progrès en matière de techniques du bâtiment : les immeubles en béton se multiplient, de même que la standardisation des procédés de construction.

Enfin, il s'agit d'une effervescence intellectuelle puisqu'émerge une génération de brillants architectes qui adhèrent à la bible de l'architecture fonctionnaliste : *La Charte d'Athènes*.

FOCUS : *La Charte d'Athènes*

• *La Charte d'Athènes* est un texte rédigé par Le Corbusier en 1933 à l'occasion du IVe CIAM (Congrès international d'architecture moderne) présentant les principes d'une architecture nouvelle, soucieuse de s'adapter voire de précéder la modernité. 7 principes architecturaux y sont proclamés :

– le concept de zonage qui propose de séparer les espaces urbains selon 4 « fonctions » : habiter, travailler, récréer et circuler ;
– la dissociation entre bâti et voierie ;
– la dissociation entre les voies de circulation rapides et celles dédiées aux piétons ;
– la qualité architecturale accessible à tous ;
– les constructions en hauteur afin d'aérer l'espace urbain ;
– la proximité entre habitations et équipements scolaires, sportifs et de loisirs ;
– la bonne accessibilité les zones industrielles qui doivent cependant être séparées de la ville par des zones de verdure.

• Le Corbusier a mis en œuvre ces principes en théorie en élaborant le Plan Voisin pour repenser l'urbanisme parisien (1922-1940) : il y proposait de reconstruire entièrement le centre-ville, en rasant la rive gauche et les immeubles haussmanniens pour construire 18 gratte-ciel destinés à loger 500 000 à 700 000 personnes. Le Plan Voisin n'a jamais été mis en œuvre, mais Le Corbusier a mis ses idées en pratique dans quelques « unités d'habitations ». Il s'agit d'immeubles résidentiels construits en suivant les principes de la *Charte d'Athènes* à Marseille (« La Cité radieuse » que les Marseillais ont longtemps appelée « la maison du fada »), Rezé, Briey et à Firminy.

Les principes de l'architecture fonctionnaliste ont inspiré la construction des logements sociaux de l'après-guerre, mais sans que l'exigence de qualité du bâti ne soit retenue. C'est ce qui a conduit à l'apparition de grands ensembles dans de nombreuses périphéries urbaines. Les grands ensembles sont définis par le service de l'Inventaire du ministère de la Culture français comme un « *aménagement urbain comportant plusieurs bâtiments isolés pouvant être sous la forme de barres et de tours, construit sur un plan-masse constituant une unité de conception. Il peut être à l'usage d'activité et d'habitation et, dans ce cas, comporter plusieurs centaines ou milliers de logements.* » Les grands ensembles marquent encore aujourd'hui puissamment les paysages, les populations, et les représentations des espaces périurbains. Leur situation périphérique et leur ampleur les rendent aisément repérables sur les cartes. Il faut pourtant différencier deux générations de grands ensembles.

Les grands ensembles de 1re génération désignent les premières constructions HLM (habitations à loyers modérés) construits dans les années 1950-1960. Il s'agit de très grands bâtiments en forme de longues barres, de hautes tours. La mauvaise qualité de leur construction standardisée est cependant rapidement apparue : pas ou peu d'isolation phonique et thermique, pannes récurrentes des équipements, rares commerces, accessibilité difficile, pas ou peu d'espaces verts ou récréatifs, aucune préoccupation esthétique… Dès les années 1960, des protestations se sont fait entendre contre cette architecture dite « inhumaine » et les ménages de classe moyenne ont rapidement déserté ces quartiers. Si bien que les seules populations à y demeurer ont été les plus en difficulté, bloquées dans leurs parcours résidentiels par la crise des années 1970-1980. Les grands ensembles sont ainsi devenus des lieux de relégation et de pauvreté. C'est par exemple le cas de la Cité des 4 000 (nommée d'après les 4 000 logements construits) à La Courneuve en Seine-Saint-Denis qui a été construite en 1956 et hébergeait plus de 17 000 personnes en 1970.

Face à l'intensification des critiques, des mesures ont été prises dans les années 1970-1980 : la réhabilitation des grands ensembles de 1re génération, et la construction de grands ensembles de 2e génération amendant légèrement le modèle précédent. Un effort est fait pour construire des bâtiments plus petits (quitte à en construire davantage), pour produire des formes architecturales moins standardisées, pour soigner les espaces publics et pour doter ces quartiers d'équipements ludiques et sportifs. Sur la carte, ils se distinguent aisément des premiers car l'architecture en est plus fantaisiste : des immeubles en croix, en étoile, en courbe ou en alvéole. En ce qui concerne la réhabilitation des grands ensembles de 1re génération, certaines barres des 4 000 sont détruites dès 1986. Cependant, il faut attendre la loi d'orientation pour la ville de 1991 pour que soit adoptée une politique ambitieuse, et ce n'est qu'en 2003 qu'est créée la structure dédiée à la réhabilitation : l'ANRU (Agence nationale pour la rénovation urbaine). Une première enveloppe de 45 milliards d'euros de travaux engagés dans 600 quartiers a permis la démolition, reconstruction ou réhabilitation de 600 000 logements. Et 20 milliards d'euros de plus y seront consacrés pour la décennie 2014-2024.

En dépit de la politique de la ville, les grands ensembles restent encore aujourd'hui des espaces urbains dévalorisés, subissant de nombreuses nuisances et marqués par les difficultés socio-économiques. Ces nuisances et difficultés socio-économiques sont visibles sur la carte. Elles apparaissent par la marginalisation spatiale de ces quartiers qui sont souvent coupés du reste de l'agglomération par des infrastructures de transports (voies rapides, voie ferrée, canaux) ou des usines et entrepôts aux vastes emprises. Ces phénomènes de coupure urbaine s'accompagnent souvent d'un environnement peu valorisé car porteur de diverses nuisances comme les aéroports et les autoroutes qui sont bruyants, les usines d'incinération ou les déchetteries qui dégagent des odeurs gênantes, ou encore de vastes zones industrielles parfois à l'origine de risques technologiques (stockage d'hydrocarbures, usines chimiques…).

Enfin, des formes extrêmes de marginalisation persistent dans les périphéries urbaines de certaines villes d'Outre-mer et réapparaissent en périphérie des grandes agglomérations métropolitaines : les quartiers informels ou bidonvilles. Ils sont le plus souvent invisibles sur la carte mais constituent une réalité préoccupante. La fragmentation socio-spatiale dont sont emblématiques les quartiers informels ou les grands ensembles dégradés et paupérisés constitue aujourd'hui un important enjeu de durabilité sociale urbaine.

Figure 3.4 Exemples de grands ensembles de 1re et 2e générations à Belfort et Grigny

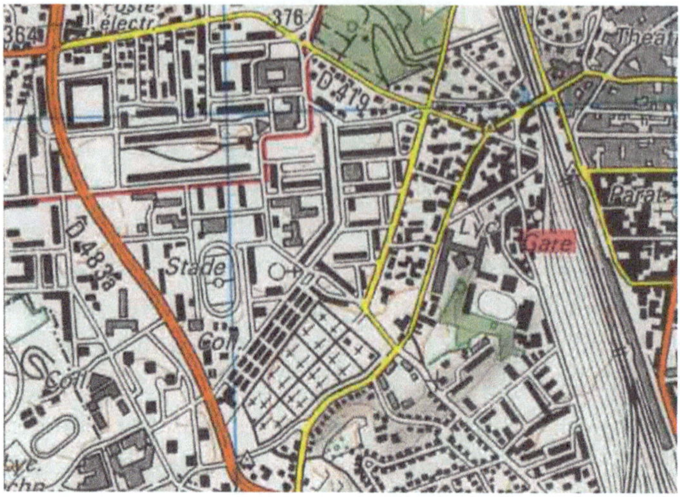

Source : Extrait de la carte IGN au 1/25 000 Belfort-Montbéliard Héricourt 3621 OT, 2005.

Le quartier Les Résidences à l'ouest du centre-ville de Belfort. Il s'agit de grands ensembles de 1re génération : ils ont été achevés dans les années 1960. Les formes sont très rigides et les barres mesurent plusieurs centaines de mètres de long. On observe un phénomène de coupure urbaine puisque le quartier est séparé du reste du centre-ville par la voie ferrée, et qu'il est coupé en deux par une voie rapide.

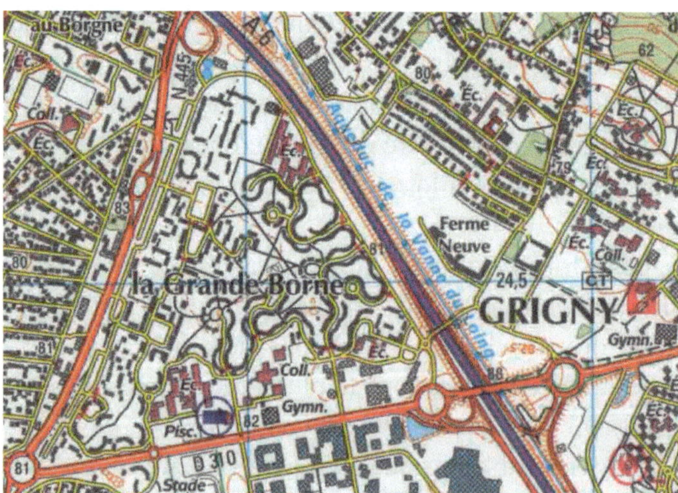

Source : Extrait de la carte IGN au 1/25 000 Palaiseau-Arpajon 2315 OT, 2003.

Le quartier de la Grande Borne à Grigny en région parisienne. Il s'agit de grands ensembles de 2e génération : ils comptent près de 3 700 logements et ont été achevés en 1972. Les formes sont courbes et des équipements sont visibles : piscine, école, collège et stade. Mais on observe un net phénomène de coupure urbaine puisque le quartier est séparé du reste du tissu urbain par 2 voies express et une autoroute difficiles à franchir.

FOCUS : La crise du logement dans les villes ultramarines

• La croissance urbaine et les disparités socio-économiques se trouvent renforcées dans les villes ultramarines par plusieurs phénomènes :
– l'étroitesse de la plupart des territoires ultramarins français ;
– la forte augmentation de la population urbaine en raison d'une part importante de jeunes adultes, particulièrement à La Réunion et dans les collectivités françaises du pacifique ;
– et l'arrivée massive d'immigrants, particulièrement en Guyane ou à Mayotte. En Guyane, près de 22 000 Brésiliens et Haïtiens vivent dans l'insalubre quartier Cogneau-Lamirande de Cayenne surnommé « Little Haïti ». Et on estime à environ un millier le nombre de constructions illicites réalisées chaque année en Guyane : un récent recensement a permis de dénombrer environ 8 500 constructions bâties, en toute illégalité, sur des terrains appartenant à l'État ou aux collectivités territoriales. À Mayotte, l'immigration illégale représente environ 40 % de la population (INSEE, 2012).

• Des mesures ont été prises par les collectivités locales, aidées par l'État, pour régulariser ces situations. Les deux principales actions menées sont :
– la « durcification », c'est-à-dire que ces quartiers bénéficient d'une légalisation permettant leur raccordement légal aux réseaux urbains (électricité, eau, ramassage des déchets, distribution du courrier…). Cela a notamment été le cas du quartier Trénelle à Fort-de-France ;
– la rénovation, c'est-à-dire que les bidonvilles sont détruits et des bâtiments sont reconstruits en respectant les normes du BTP pour fournir le plus souvent des logements sociaux. Cela a notamment été le cas du quartier de l'Assainissement à Pointe-à-Pitre.

• Villes nouvelles, expansion pavillonnaire et densification

Afin de proposer une alternative aux « banlieues dortoirs », l'État français a lancé en 1965 l'aménagement de villes nouvelles, sur le modèle britannique des *new towns* du bassin de Londres. Des villes nouvelles sont programmées en province (4) et en région parisienne (5) dans le but « *d'assurer un meilleur équilibre social, économique et humain dans des régions de forte concentration de population, en offrant des possibilités d'emploi et de logement, ainsi que des équipements publics et privés*[1] ». L'objectif est un rééquilibrage des aires urbaines en créant dans les grandes

1. Loi du 13 juillet 1983.

agglomérations françaises des pôles secondaires qui soient des espaces résidentiels mais aussi des lieux de travail et de loisirs, afin d'y limiter les déplacements pendulaires.

Après 50 ans d'existence, la politique des villes nouvelles présente un bilan mitigé. Elles ont permis de polariser le développement périurbain. Depuis leur création, les villes nouvelles ont absorbé un tiers de la croissance démographique francilienne et 40 % de la croissance des emplois. De plus, les villes nouvelles ont été « adoptées » par leurs habitants qui travaillent, consomment et ont davantage d'activités récréatives autour de chez eux. Cependant les mobilités domicile-travail restent fortes car la plupart des emplois est toujours situé dans Paris. Sur la carte, les noms des villes nouvelles apparaissent avec une typographie spécifique (inscrits en majuscule en surimpression) car ce sont des communautés de communes et qu'elles ont été créées sur des communes existantes.

La fin du XXe siècle connaît également l'essor d'un habitat pavillonnaire qui s'éloigne de plus en plus de la ville centre. Ce développement est surtout le fait de promoteurs qui aménagent des lotissements plus vastes, aérés et dont la trame prend des formes fantaisistes : serpentins, spirales, cercles… Elles permettent de facilement repérer sur la carte ces extensions pavillonnaires des années 1980-1990. Les lotissements sont situés à proximité des routes afin de faciliter les déplacements des habitants massivement motorisés, et sont parfois greffés à un noyau villageois. Ces villages de 2e ou 3e couronnes connaissent alors un phénomène de rurbanisation, c'est-à-dire qu'ils accueillent une population d'origine urbaine et continuant à travailler dans la ville centre. La rurbanisation est visible sur la carte grâce aux chiffres de population en augmentation dans ces petites communes périurbaines. Enfin, la pression foncière périurbaine entraîne une densification des périphéries où se mêlent pavillons et immeubles de moyenne hauteur (4 à 8 étages), aux formes et aux matériaux de qualité, qui sont destinés aux classes moyennes. Ces immeubles isolés ou regroupés en îlot sont souvent appelés des « résidences ».

Où trouve-t-on en France les différentes formes de périurbanisation résidentielle ?

On rencontre dans les villes françaises ces différentes formes de périurbanisation résidentielle dans les grandes villes, la plupart des villes moyennes et même dans certaines petites villes lorsqu'elles ont connu une forte industrialisation.

- Les **cités-jardins** : la plupart se trouvent en région parisienne comme à Arcueil, Drancy, Suresnes, Le Pré Saint-Gervais, Les Lilas, Gennevilliers, Stains ou Villetaneuse. Mais on en trouve aussi dans de nombreuses autres villes comme le quartier Saint-Just à Marseille, le Faubourg-jardin de Stockfeld à Strasbourg, à Vénissieux, Tergnier et Reims, mais aussi à Fort-de-France en Guadeloupe avec la cité-jardin du Raizet.
- Les **Castors** se trouvent en région parisienne comme à Montreuil ou Noisy-le-Sec, mais aussi en province à Pessac à proximité de Bordeaux (le tout premier Castor), à Marseille, à Lyon ou à Rezé…
- Les **grands ensembles** de 1re et 2e générations sont visibles partout où la pénurie de logements a été intense dans les années 1950, et tout particulièrement dans les grandes villes, les villes industrielles comme Clermont-Ferrand, Valenciennes ou les villes ayant accueilli un grand nombre de rapatriés d'Algérie comme Nîmes, Montpellier ou Marseille. Les grands ensembles les plus tristement célèbres sont Frais Vallon dans les Quartiers nord de Marseille, les Minguettes à Vénissieux et Rillieux-la-Pape à Lyon, Le Mirail à Toulouse, et en région parisienne – entre autres – Sarcelles (plus de 12 000 logements, un record), la Cité des 4 000 de La Courneuve, Les Courtillières à Pantin ou encore le Val d'Argent à Argenteuil…
- Les **villes nouvelles** correspondent aux 5 villes situées à une trentaine de kilomètres de Paris que sont Marne-la-Vallée, Saint-Quentin-en-Yvelines, Melun, Évry et Cergy-Pontoise ; et aux 4 villes de province que sont Villeneuve-d'Ascq proche de Lille, Val-de-Reuil proche de Rouen, L'Isle d'Abeau proche de Lyon et Étang de Berre devenue Ouest Provence près de Marseille.
- Les **lotissements** apparaissent dans la plupart des espaces périurbains éloignés qu'il s'agisse de grandes, moyennes ou même petites villes.

3.3 Aménagements et enjeux de la périurbanisation productive et logistique

La périurbanisation est majoritairement résidentielle, mais les périphéries urbaines accueillent également d'autres espaces – qu'il faut aussi commenter – dédiés à la production, aux services et aux loisirs, ou encore aux transports et à la logistique.

Le commentaire des espaces périurbains productifs concerne d'une part leur distribution dans l'aire urbaine, et d'autre part leur fréquence et l'ampleur de leur surface. Leur concentration dans une partie de l'aire urbaine, ou au contraire leur éparpillement, permet d'identifier les territoires moins valorisés de l'agglomération et présentant le plus de nuisances et éventuellement de risques. Les bâtiments industriels ou agricoles sont figurés par l'IGN en bleu ou gris (ateliers, hangar), ce qui permet de les repérer. Plus ils sont proches du centre-ville et plus l'industrialisation a été précoce. Et plus leur emprise au sol est importante, et plus il est probable qu'il s'agisse d'industrie lourde ou d'unités de montage (automobile, électroménager…). En revanche, de petits bâtiments éparpillés sont plutôt le signe d'entreprises tertiaires ou de hautes technologies.

Les espaces périurbains dédiés aux services et aux loisirs sont indiqués sur la carte en jaune (commerces) ou rose (administration et services publics). Le commentaire porte alors surtout sur leur nature car ils permettent d'identifier l'ampleur de l'offre de services publics ainsi que l'aisance financière d'un quartier. La présence d'un hippodrome, d'un golf, de courts de tennis et de clubs équestres indique plutôt un quartier de classes moyennes ou supérieures. De même, la présence d'un CHU (centre hospitalier universitaire) ou d'une grande école indique une agglomération dotée d'une offre de soin et de formation de haut niveau.

Enfin, les espaces périurbains sont largement parcourus par des infrastructures de transport dont l'emprise et les nuisances sont inégales. Ainsi une sortie d'autoroute ou une bretelle de voie express peuvent constituer un avantage pour l'accessibilité d'un quartier, en revanche une voie ferrée sans gare, une autoroute sans sortie ou un aéroport sont difficilement franchissables et porteurs de nuisances sonores et de pollution. Ce sont les situations de mauvaise accessibilité, de nuisances, ou au contraire d'accessibilité remarquable qu'il faut relever et commenter.

Comment commenter les espaces périurbains ?

1. Dans un premier temps, décrire la **forme générale** de l'agglomération, l'expliquer éventuellement par des contraintes topographiques, et si possible analyser sa **croissance** (pour cela, il faut disposer de chiffres antérieurs sur le document d'appui).

2. Décrire ensuite dans l'ordre – et dans la mesure de ce qui est visible sur la carte – les **espaces périurbains** en les distinguant d'une part par leurs fonctions, et d'autre part par leur chronologie. Ainsi on identifie :

– les **espaces périurbains résidentiels** : la 1re périurbanisation (HBM, pavillons Loucheur et cités-jardins), puis les grands ensembles (1re et 2e générations), enfin les extensions pavillonnaires et collectives depuis les années 1980-1990 (lotissements, résidences et rurbanisation) ;

– les **espaces périurbains productifs** : fréquence et taille des zones industrielles, taille et nombre des bâtiments qui permettent de distinguer l'industrie lourde ou de montagne des hautes technologies et des entreprises tertiaires ;

– les **espaces périurbains dédiés aux services et aux loisirs** : on repère les services publics sanitaires (hôpitaux, CHU), juridique (prison) ou de formation (campus universitaire, grandes écoles), et les centres commerciaux et équipements sportifs dont la nature donne une indication sur l'aisance économique du voisinage ;

– les **espaces périurbains dédiés aux transports et à la logistique** : on identifie les différents modes de transports présents, la possibilité d'y accéder (échangeurs autoroutiers, gares, accès aux voies express), leurs emprises et les éventuelles nuisances dont ils sont porteurs.

3. Enfin, analyser les **enjeux de durabilité** que connaît le territoire représenté : enjeux de fragmentation socio-spatiale, d'augmentation problématique du prix du foncier, de nuisances sonores ou visuelles, de risques technologiques…

Commenter des espaces urbains : l'exemple de Montpellier

Source : Extrait de la carte IGN au 1/25 000 Montpellier 2743 ET, 2010.

Localisation

- Il s'agit d'un extrait de la carte IGN au 1/25 000 de Montpellier. Le territoire représenté est situé dans le sud de la France, dans la région Midi-Pyrénées-Languedoc-Roussillon, à une dizaine de kilomètres du littoral du Golfe du Lion et à 200 km à l'ouest de Marseille.

Commentaire des espaces urbains et périurbains

- La ville de Montpellier est située sur une légère butte (33 m) en rive gauche du Lez. Ce modeste cours d'eau au régime méditerranéen n'en est pas moins à l'origine d'un risque d'inondation pour les quartiers situés à l'est du centre-ville qui sont plus bas (Quartier Antigone à 12-20 m d'altitude), ainsi qu'une contrainte pour l'expansion urbaine vers l'est.
- La situation actuelle est plutôt favorable puisque la ville se trouve en position de contact à différentes échelles :
  - à l'échelle régionale entre la plaine du Languedoc et le littoral du Golfe du Lion,
  - à l'échelle nationale en position centrale sur l'arc méditerranéen : à environ 200 km de Marseille à l'est et de Perpignan à l'ouest,
  - à l'échelle européenne entre la péninsule Ibérique et l'Italie.
- L'extrait présenté ici permet de repérer un vaste centre médiéval de forme ovale bien visible sur la carte avec ses rues denses et tortueuses. Le centre médiéval est délimité par un boulevard qui correspond au tracé des anciens remparts dont 3 tours apparaissent sur la carte : une au nord-ouest de la gare, et deux au nord et à l'est du Jardin des Plantes. L'ancienneté et le rôle important des facultés sont visibles à leur emplacement en plein cœur du centre médiéval et à leur forte emprise au sol. Les facultés de sciences et médecine de Montpellier sont réputées dès la fin du Moyen Âge pour les contacts qui s'y sont développés entre médecine occidentale et médecine arabe. Elles ont donc été des lieux d'échanges culturels intenses entre savants de toute la Méditerranée. Le Jardin des Plantes qui jouxte la faculté date de la fin du XVIe siècle et constituait leur réservoir botanique.
- Au-delà du noyau médiéval se trouve la ville moderne dont un certain nombre d'aménagements témoigne de la prospérité. En effet, aux XVIIe et XVIIIe siècles sont construits Le Pérou, une promenade typique de la période, ainsi que des quartiers à la trame urbaine régulière tels que ceux situés près de ce parc et le quartier Gambetta.

• En revanche, le nombre restreint d'éléments datant du XIXe et du début du XXe siècle montre que la ville s'est très peu industrialisée. En effet, la gare se trouve à proximité immédiate du centre médiéval, les faubourgs visibles sur l'extrait (Faubourg Saint-Martin et Faubourg Boutonnet) n'ont pas connu de densification de leur bâti, et il n'y a pas d'espaces industriels proches du centre. On note cependant la présence d'un quartier aux allures de cité ouvrière au sud de la gare : la Cité Mion qui date en fait du milieu XXe siècle. La stagnation de la croissance urbaine de Montpellier jusqu'aux années 1970 s'explique par le fait que la ville n'a longtemps été qu'une petite capitale régionale, un relais administratif et le lieu de commercialisation des productions agricoles, notamment des vins du Languedoc.

• Le renouveau économique de Montpellier à partir des années 1960-1970, notamment grâce à l'installation de la firme IBM en 1964, a conduit la municipalité à s'engager dans un audacieux projet de requalification urbaine des friches militaires qui occupaient le quartier de la Citadelle, c'est-à-dire les terrains entre le centre-ville et le Lez. C'est ainsi qu'ont été construits les quartiers du Polygone et d'Antigone visibles sur la carte. Cette opération d'urbanisme a été confiée à l'architecte Ricardo Bofill, un « starchitecte » catalan, qui a créé un quartier monumental aux formes architecturales inspirées des édifices romains, destiné à héberger les nouveaux cadres supérieurs attirés par les entreprises de hautes technologies, et à revaloriser l'image de la ville.

• Au-delà, l'extrait proposé ne permet pas de se faire une idée de l'ensemble de l'agglomération montpelliéraine, mais la périurbanisation sur cette portion de territoire se fait de manière radio-concentrique. Et la carte montre que les espaces périurbains sont desservis par une double rocade sur laquelle se branchent de nombreuses radiales innervant l'agglomération.

• En ce qui concerne la périurbanisation résidentielle, on note différents types de bâti qui correspondent à des périodes différentes. Le 1er type de construction, qui date du milieu du XXe siècle, est constitué de pavillons assez serrés et de petits immeubles collectifs. C'est le cas des quartiers des Beaux-Arts au nord du centre, ou des Arceaux et de Figuerolles à l'ouest.

• Le 2e type de construction correspond aux grands ensembles construits à Montpellier dans les années 1960, non pas à cause des destructions de la guerre ni du besoin de logements ouvriers, mais pour accueillir des rapatriés d'Algérie pendant et après la guerre d'indépendance (au début des années 1960). Il s'agissait le plus souvent de familles modestes mais aussi de classes moyennes qui ont acheté en copropriété des immeubles collectifs, ou bien ont été logées dans des logements sociaux. Ils sont visibles dans le quartier Lemasson ou celui de Figuerolles dont l'architecture rigide indique qu'il s'agit de grands ensembles de 1re génération. Mais l'extrait ne permet pas de voir les tristement célèbres grands ensembles de La Paillade situé au nord-ouest de l'agglomération. Le fait que ce quartier ne figure pas sur la carte révèle bien le problème de coupure urbaine dont il est victime : les vastes bâtiments sont perchés sur une butte qui domine de 20 à 40 m les autres quartiers, et sont séparés du reste de l'agglomération par des voies routières.

- Enfin, on observe un 3e type de bâti qui correspond au comblement interstitiel entre ces différents quartiers par des maisons individuelles et de petits immeubles à la trame peu dense.
- Mais les espaces périurbains autour de Montpellier présentent également des espaces dédiés à la recherche et l'innovation dans les secteurs médicaux et pharmaceutiques. Cela apparaît sur l'extrait avec la forte emprise des campus dédiés à ces activités notamment au nord ouest où le quartier Hôpitaux-Facultés regroupe 3 cités universitaires, 3 hôpitaux, une université de pharmacie, une université de sciences, un IUT… Cet ensemble appartient au pôle d'excellence Euromédecine.

Chapitre 4

Décrire et analyser les espaces industriels et énergétiques

Objectifs

- Identifier les différentes générations d'espaces industriels.
- Décrire le paysage hérité d'un bassin minier.
- Commenter les logiques de reconversion des espaces industriels en crise.
- Analyser les nouveaux espaces industriels.
- Comprendre les risques industriels et leur gestion.

Après avoir décrit et analysé les formes de relief, les paysages et le peuplement, et les activités agricoles, il faut aborder les activités industrielles. Et bien que l'économie française soit aujourd'hui très largement dominée par les services, l'analyse du fait industriel demeure une dimension importante du commentaire de carte. L'industrie a imprimé sa marque, depuis le XIXe siècle, sur les paysages et territoires qu'elle a contribués à structurer, comme dans les bassins houillers apparus autour de l'extraction du charbon. Loin d'avoir disparu, l'industrie s'est modernisée et a profondément évolué dans ses formes spatiales comme dans ses logiques de localisation, se réorientant vers l'innovation avec l'apparition d'espaces industriels dynamiques. Et il ne faut pas omettre l'étude des aménagements énergétiques, condition de fonctionnement de l'économie et de la société. Pour terminer, l'industrie est confrontée à des risques technologiques à l'origine de débats et parfois de conflits d'acteurs.

1. Aménagements et enjeux de la production d'électricité

1.1 Les installations nucléaires : emprise spatiale et enjeux

La France est l'un des rares pays au monde à produire près des 4/5 de son électricité par des installations nucléaires. Elle en exporte même grâce à des interconnexions électriques internationales. Les premiers réacteurs sont construits en 1958, sous la présidence de De Gaulle, afin de gagner en indépendance énergétique et de limiter les importations d'hydrocarbures. La France compte aujourd'hui 58 réacteurs en fonctionnement répartis sur 19 sites. 12 réacteurs sont arrêtés dont 6 actuellement en démantèlement sur les sites de Bugey, Chinon, St-Laurent-des-Eaux, Brennilis, Chooz et Creys (Superphénix).

La localisation des centrales nucléaires obéit à différentes logiques. Il existe tout d'abord des contraintes techniques qui imposent un double système de refroidissement, ce qui entraîne une localisation à proximité de la mer ou d'un cours d'eau, d'où la forte concentration des centrales dans la vallée du Rhône ou de la Loire par exemple. La localisation est ensuite étroitement liée aux grandes concentrations urbaines et industrielles. Mais à grande échelle, compte tenu des risques technologiques (sur lesquels on reviendra), elles sont en général bâties à l'écart de ces espaces.

Les centrales nucléaires s'organisent toutes de la même façon, avec des éléments repérables sur la carte. Les enceintes des réacteurs sont rondes, elles voisinent avec les bâtiments hébergeant les turbines et les alternateurs qui produisent l'électricité, ainsi que le transformateur qui permet la distribution par des lignes à très haute tension. Le circuit de refroidissement secondaire, qui n'est jamais en contact direct avec le combustible radioactif, consiste en une prise d'eau et une sortie d'eau.

Dans certaines centrales, on note la présence de vastes cheminées de refroidissement. L'eau rejetée n'est pas radioactive mais elle est chaude et exploitée comme dans les fermes aux crocodiles de Pierrelatte à proximité de la centrale du Tricastin sur le Rhône, ou à Civaux sur la Loire. Cela peut poser des problèmes environnementaux, comme sur la Loire, dont le débit à l'étiage (les plus basses eaux) ne permet pas d'absorber l'eau chaude sans sérieuses conséquences écologiques qui conduisent souvent à un arrêt estival.

Figure 4.1 La centrale nucléaire de Gravelines, à l'ouest de Dunkerque

La centrale de Gravelines est la plus importante d'Europe de l'Ouest. Elle est située sur le littoral de la mer du Nord, sur la route maritime majeure du *Northern Range* desservant le port de Rotterdam, ce qui est essentiel dans son approvisionnement. À l'échelle régionale, la localisation de la centrale permet de fournir en électricité le nord de la France, l'une des régions les plus peuplées et les plus industrielles du territoire. D'ailleurs, à plus grande échelle, la centrale alimente la zone industrialo-portuaire de Dunkerque, très consommatrice d'énergie avec ses usines métallurgiques, sidérurgiques et de production d'aluminium.

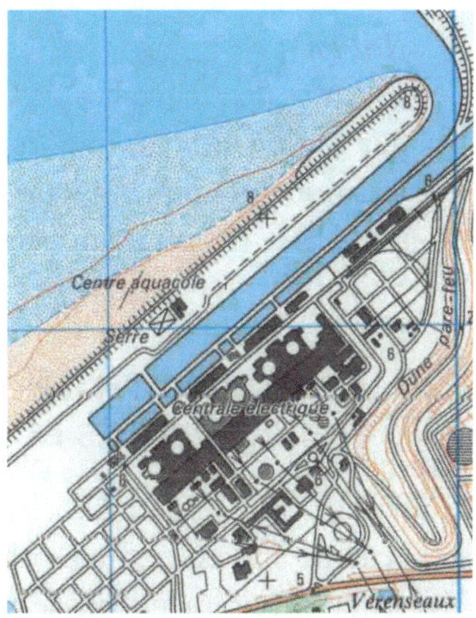

Source : Extrait de la carte IGN au 1/25 000 Dunkerque 2302 O, 1993.

L'usine occupe un vaste espace, environ 1,7 km, soit un peu moins d'un kilomètre carré. On repère les différents éléments de la chaîne de production d'électricité :

- les 6 enceintes des réacteurs (ronds gris clair),
- le circuit de refroidissement alimenté par la station de pompage (à noter qu'il n'y a pas ici de grandes cheminées de refroidissement),
- les bâtiments de production électrique où se trouvent turbines et alternateurs (plus petits bâtiments gris),
- devant lesquels partent les lignes électriques à très haute tension,
- et les piscines de stockage du combustible usagé (carrés bleus).

La proximité de la centrale avec des espaces densément peuplés pose néanmoins la question des risques industriels.

En ce qui concerne les activités amont, il a existé en France des mines d'uranium, exploitées dans la deuxième moitié du XIXe siècle, elles sont notées sur les cartes mais elles sont toutes fermées.

En aval de la production électrique, les combustibles usés nucléaires sont retraités par l'usine de la Hague à la pointe du Cotentin. Et le laboratoire de Bure, entre Meuse et Haute-Marne, étudie la possibilité d'un enfouissement des déchets non recyclables dans les couches géologiques profondes, mais il est à l'origine d'un vif conflit d'acteurs.

On peut également mentionner les sites majeurs de recherche dans le domaine nucléaire que sont :

- la centrale de Flamanville dans la Manche, où l'on construit depuis dix ans un réacteur expérimental, l'EPR (*European Pressurized Reactor*) ;
- le centre de recherches de Cadarache dans les Bouches-du-Rhône qui est l'un des plus importants en Europe. Il revêt toutes les caractéristiques d'un technopôle ;
- le CERN (Centre européen pour la recherche nucléaire) basé en Suisse, et qui possède des installations dans le Genevois français.

1.2 L'hydroélectricité : aménagements et enjeux

L'utilisation de l'énergie hydroélectrique, aussi nommée « houille blanche », est ancienne en France. Le procédé a d'ailleurs été mis au point dans les Alpes, plus précisément dans le Grésivaudan en amont de Grenoble. Aujourd'hui, l'hydroélectricité est la première source d'énergie renouvelable et fournit plus d'un dixième de l'électricité. Tous les grands cours d'eau français sont dotés d'aménagements hydroélectriques.

Le principe est toujours le même : l'eau entraîne des turbines, qui entraînent des alternateurs qui produisent de l'électricité. Mais il existe plusieurs types de centrales, que l'on distingue en fonction de la force utilisée. Il peut s'agir de centrales hydroélectriques au fil de l'eau lorsque c'est la force du courant qui entraîne les turbines, ou de centrales hydroélectriques de chute lorsque c'est une dénivellation artificielle qui précipite l'eau sur les turbines.

Figure 4.2 Schéma de fonctionnement d'un barrage au fil de l'eau

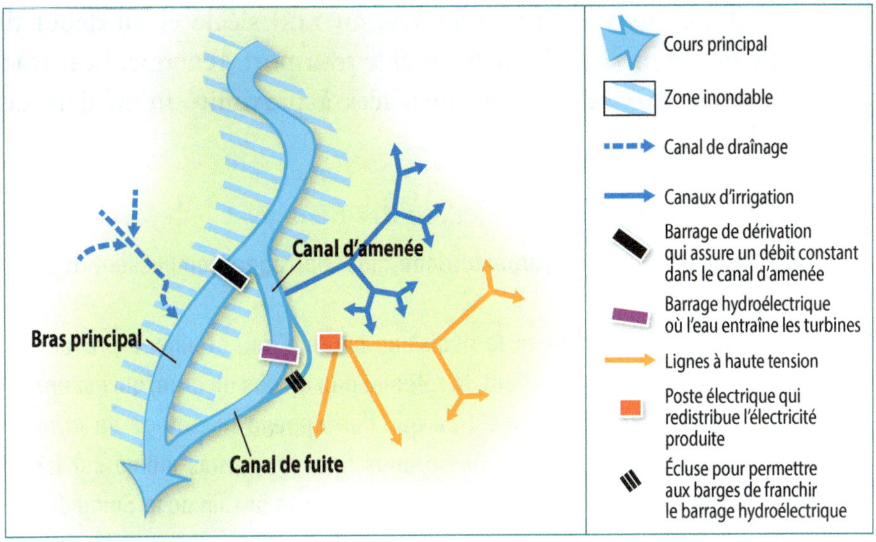

Les barrages au fil de l'eau sont aménagés sur la plupart des fleuves. L'eau utilisée par la centrale emprunte le barrage de dérivation. Le canal d'amenée dirige l'eau vers les turbines et elle est ensuite évacuée par le canal de fuite. Les péniches contournent l'usine hydroélectrique en franchissant une écluse.

Figure 4.3 Le barrage de Tignes, sur l'Isère, en Savoie

Source : Extrait de la carte IGN au 1/25 000 Tignes-Val d'Isère 3532 ET, 2008.

Les barrages de haute chute (plus de 200 m) sont aménagés en haute montagne. Il peut s'agir de barrages-voûtes de forme incurvée (comme le barrage de Tignes), par opposition aux barrages-poids rectilignes. Les barrages de haute chute impliquent des aménagements de très grande ampleur repérables sur la carte : conduite forcée (comme celle qui alimente ici l'usine de Brévières), galeries souterraines, remontées mécaniques à l'usage des personnels EDF.

Les barrages ont fixé des industries anciennes grandes consommatrices d'énergie. C'était surtout vrai au XIXe siècle et au début du XXe siècle où l'on maîtrisait encore mal le transport d'énergie. Les structures industrielles étaient donc installées à proximité immédiate des sources d'énergie.

FOCUS : Quelles sont les fonctions des barrages ?

Outre la production d'hydroélectricité, les barrages remplissent d'autres fonctions.

• Ils peuvent servir à réguler le débit des cours d'eau et ainsi à prévenir les crues. Les réservoirs permettent de retenir l'eau en cas de crue, qui est ensuite progressivement relâchée : c'est ce que l'on appelle l'écrêtage de crue. On trouve ces barrages en amont des grands fleuves, parfois même sur les affluents. C'est le cas du système de barrages dans le bassin de la Seine destiné à protéger l'agglomération parisienne, avec d'immenses réservoirs comme le lac de l'Orient sur l'Aube, ou le lac du Der-Chantecoq sur la Marne. À l'inverse, ces barrages permettent aussi de soutenir l'étiage estival lorsque le débit est minimal.

• Les barrages permettent aussi de prélever directement l'eau, pour favoriser l'irrigation ou fournir de l'eau potable, comme le barrage de Sainte-Croix sur le Verdon. Et en maintenant un débit constant dans le canal de dérivation ou le cours d'eau, ils en assurent la navigabilité permanente. C'est le cas du barrage d'Auxonne sur la Saône. Les systèmes d'écluse jouent le même rôle.

• Enfin des fonctions touristiques et récréatives se développent fréquemment à proximité des lacs de retenue. Des bases de loisirs nautiques sont aménagées qui constituent une source de revenus appréciable pour les petites communes proches. On trouve par exemple sur les rives du lac de Serre-Ponçon dans les Hautes-Alpes des bases de loisirs nautiques, des points de vue, des sentiers de randonnée en corniche…

1.3 Les centrales thermiques et les installations utilisant des énergies renouvelables

L'électricité française est enfin produite par des centrales thermiques qui utilisent les énergies fossiles. Elles fonctionnent à partir de la combustion de gaz naturel, de pétrole, plus rarement de charbon. En dehors des gisements gaziers de Lacq dans les Pyrénées-Atlantiques exploités jusqu'en 2013, la France est entièrement dépendante des importations. Si bien que la localisation des centrales thermiques est guidée d'une part par la proximité des grandes agglomérations qui sont les principales consommatrices d'électricité, et d'autre part par la proximité des grands ports. L'ensemble de la chaîne de production électrique y est visible :

- en amont de la production électrique, les quais spécialisés pour accueillir les pétroliers et méthaniers, les cuves ou sphères de stockage, et les usines de regazéification du gaz ou de raffinage pour le pétrole ;
- et en aval de la production d'électricité, des industries pétrochimiques et chimiques, des industries métallurgiques et sidérurgiques…

Ces espaces portuaires spécialisés occupent de vastes emprises et matérialisent la dépendance énergétique française. Pour faire face à d'éventuelles pénuries, la France constitue des réserves stratégiques civiles et militaires localisées autour des grandes métropoles et dans les ports pétroliers. Le plus important site est un stockage souterrain et se trouve à Manosque dans les Alpes-de-Haute-Provence.

Afin de compenser cette dépendance, on développe aujourd'hui l'utilisation des ENR ou énergies nouvelles renouvelables (dont l'hydroélectricité ne fait pas partie). Il s'agit de l'utilisation de l'énergie éolienne, solaire thermique (utilisation de la chaleur) ou photovoltaïque (transformation du rayonnement en électricité) ou marine. L'ensemble de ces activités énergétiques figurent sur les cartes, et il faut les relever car elles témoignent de la volonté d'engager une transition énergétique, c'est-à-dire de passer à un nouveau modèle moins fondé sur l'utilisation de l'énergie fossile et nucléaire, dont la part devrait passer à 50 % d'ici 2025.

Où sont produites les ENR ?

- Les **panneaux solaires**, visibles sur les photographies aériennes, sont implantés sous forme de fermes solaires ou centrales solaires photovoltaïques, en regroupant plusieurs centaines dans des régions où le rayonnement solaire est fort, c'est-à-dire essentiellement dans le sud de la France. C'est notamment le cas de la ferme solaire de Cestas en Gironde, la plus importante de ce type en Europe.

• Les **parcs éoliens ou fermes éoliennes** visibles sur les cartes sont implantés dans des espaces où le vent est fort : les points hauts de la topographie, les larges vallées, les littoraux et la haute mer. Les communes dotées de ce genre d'installation perçoivent des redevances qui peuvent représenter une source de revenus essentielle aux petites communes rurales. Mais les éoliennes font l'objet d'intenses conflits d'acteurs. Les riverains dénoncent aussi bien leurs nuisances sonores et lumineuses, que leur impact sur les paysages ou les écosystèmes, notamment pour les oiseaux migrateurs ou les poissons.

• La seule **usine marémotrice** de France est celle de l'estuaire de la Rance à Saint-Malo en Bretagne.

• Les **centrales électriques géothermiques** sont rares. On peut cependant signaler celle de Bouillante en Guadeloupe, ainsi que la centrale géothermique stimulée de Soultz-sous-Forêt en Alsace qui trouve sa source de chaleur à des profondeurs de plusieurs kilomètres sous terre.

Comment étudier une installation électrique ?

1. À petite et moyenne échelle, identifier ses **logiques de localisation** liées aux contraintes :

– de refroidissement,

– d'éloignement des foyers de peuplement pour le nucléaire, de proximité pour les autres,

– de régularité du débit pour l'hydroélectricité,

– d'accessibilité pour le nucléaire ou le thermique,

– d'exposition aux vents ou au soleil pour les fermes solaires ou éoliennes…

2. À plus grande échelle, analyser l'**organisation interne** de l'usine électrique et son **fonctionnement**. On montre :

– l'importance de son emprise par un calcul rapide et approximatif de la superficie (la longueur multipliée par la largeur),

– la fonction des différents bâtiments.

3. Décrire ensuite son **articulation avec les activités et infrastructures locales** :

– dont l'usine électrique profite comme dans le cas des zones portuaires où les hydrocarbures sont importés,

– qu'elle favorise comme dans les territoires de l'industrie lourde.

4. Enfin, identifier ses **conséquences** :

– environnementales : impacts sur les milieux et les risques pour les populations,

– sociales : gain financier pour les communes proches, emplois.

2. Paysages et enjeux des anciens espaces industriels

2.1 Les paysages miniers hérités

À très grande échelle, les paysages miniers s'organisent autour des mines. Lorsque l'exploitation minière ne se fait pas sous terre, on parle de mine à ciel ouvert ou de mine découverte, comme à Carmaux. Mais la plupart des exploitations en France ont été souterraines, nécessitant la construction de galeries étayées par des charpentes en bois.

L'exploitation se divise alors en deux espaces. L'un est souterrain, on l'appelle le fond, donc invisible sur les cartes, à l'exception de l'entrée de la mine, repérable sur les cartes avec les mentions « mine », « fosse » ou « puits » fréquemment numérotés. On repère également pour chaque fosse le carreau de la mine, c'est-à-dire l'ensemble des installations de surface. On y trouve les bâtiments liés à la main-d'œuvre, comme la salle des pendus où les mineurs se changeaient au retour de la journée de travail. Mais on y trouve aussi l'indispensable système de ventilation et le chevalement qui soutient les installations de descente des mineurs. Enfin sont visibles les bâtiments d'exploitation, où l'on sépare le minerai des déchets rocheux appelés stériles, et le terril où sont entassés les stériles. Ces monticules, de forme pyramidale ou conique dominent le paysage, car ils peuvent dépasser les 100 mètres de haut, comme les « jumeaux » de Loos-en-Gohelle, les plus hauts terrils d'Europe, qui culminent à 184 mètres.

À grande échelle, le carreau de mine apparaît connecté aux moyens de transport des pondéreux de la première Révolution industrielle : la voie d'eau, c'est-à-dire les canaux, et les réseaux ferrés organisés par de nombreuses gares de triage visibles à l'alignement de nombreuses voies parallèles. Des installations industrielles de transformation du minerai jouxtent parfois les mines, comme la fabrication de fonte dans les fonderies, ou la fabrication de l'acier dans les usines sidérurgiques, surtout dans le nord de la Metz en Lorraine dans la région d'Hayange et Longwy. Ces industries lourdes ont besoin de grandes quantités d'énergie pour fonctionner, d'où également la proximité de centrales thermiques fonctionnant au charbon. Enfin, les mines sont toujours associées aux logements ouvriers déjà mentionnés.

FOCUS : L'habitat ouvrier dans les pays noirs

• Les corons sont constitués de maisons individuelles abritant chacune une famille d'ouvriers, dans des bâtiments uniformes afin de réduire les coûts de construction, atour de structures collectives. Sur les cartes, on peut les distinguer des lotissements par le voisinage immédiat des carreaux de mine, ainsi que par l'organisation très géométrique du bâti. Les cités ouvrières des bassins miniers portent souvent le nom de la fosse, par exemple « Cité du n° 6 » ou encore celui d'une profession comme « Cité des cheminots », ou bien des noms de lieux comme « Cité du Transvaal » ou « Cité du Maroc », qui n'indiquent pas la provenance de leurs habitants, mais sont en lien avec l'aventure coloniale. Une grande partie de la main-d'œuvre est immigrée mais elle vient de Pologne et de Belgique dans le bassin houiller du Nord, et d'Italie en Moselle.

• Derrière une uniformité apparente, on peut opérer des nuances en observant finement la carte. Les plus anciens sont les corons bâtis au XIXe siècle où les logements individuels sont tous mitoyens, accolés les uns aux autres. On construit par la suite des cités pavillonnaires caractérisées par un habitat plus aéré, avec des maisons parfois disposées en quinconce ou en arc de cercle, fréquemment entourées d'un petit jardin.

Où se trouvent les anciennes mines ?

• Il y a en France deux grands types de bassins miniers :

– Les **bassins d'exploitation du charbon** situés dans le nord de la Lorraine, dans le Nord-Pas-de-Calais (dans ces deux cas, le gisement se prolonge au-delà de la frontière française), dans la Loire autour de Saint-Étienne, dans les Cévennes au nord d'Alès, dans le Sud-Ouest autour de Carmaux et Decazeville. On les appelle les « pays noirs ».

– Les **gisements de fer** qui sont plus rares. Ils ont exploités les bassins ferrifères du nord de la Lorraine, et de la Normandie dans le Calvados et dans l'Orne.

• Mais, localement, d'autres ressources ont pu modeler les espaces et les paysages. C'est le cas du sel gemme (minéral, par opposition au sel marin) dans le Jura, avec les Salines royales d'Arc-et-Senans, ou du bassin de Lorraine à l'est de Nancy. C'est enfin le cas de l'exploitation de la potasse, composant essentiel de l'industrie des engrais, au nord de Mulhouse.

L'exploitation des ressources minières se traduit enfin, à plus petite échelle, par une explosion démographique et une urbanisation rapide et massive pendant la première Révolution industrielle. Cette urbanisation s'opère selon des modalités très spécifiques. Parfois les espaces urbains se développent à proximité de centres villageois ou urbains existants comme c'est le cas autour de Béthune organisée autour de son centre médiéval. Mais l'urbanisation s'est souvent faite au gré des opportunités minières, avec la construction progressive de logements autour des puits de mine, comme autour de Lens. Il en résulte plutôt une nébuleuse urbaine sans centralité historique ni cohésion, et physiquement fracturée par la multiplicité des réseaux de canaux et de chemins de fer. Ces espaces se rejoignent parfois, formant ainsi une conurbation, toujours très éclatée, et souvent très ségréguée, comme à Mulhouse où les logements des cadres ont été installés sur les versants des collines sous-vosgiennes, isolés des industries, et des logements ouvriers situés dans la plaine.

2.2 D'autres paysages industriels hérités

Au-delà des paysages miniers, il existe en France de nombreux autres paysages industriels hérités d'activités dynamiques jusqu'aux années 1970 et qui ont aujourd'hui disparu ou sont profondément en crise. Cette industrie lourde ou manufacturière ancienne a surtout concerné la France du Nord et de l'Est, et a participé à tracer la célèbre ligne imaginaire Le Havre-Marseille à l'est de laquelle la désindustrialisation a été dramatique pour les populations et les territoires. Cependant, cette schématisation recouvre des formes et des logiques variables.

On note une logique de localisation des activités à proximité immédiate des matières premières. C'est le cas des bassins houillers, mais aussi des vallées productrices d'hydroélectricité dans les Alpes comme les vallées de la Maurienne, de la Tarentaise et du val d'Arly, et dans une moindre mesure dans les Pyrénées comme dans la vallée des Gaves.

Les bassins d'industrie textile anciens se trouvent dans la même situation économique mais leur localisation est liée à des facteurs de localisation variables : commerce historique du drap de laine dans le Nord, eaux claires et réputées blanchir le lin dans les Vosges, spécialité d'élevage des vers à soie dans les vallées cévenoles…

D'autres espaces industriels, enfin, trouvent l'origine de leur localisation à des logiques familiales, comme c'est le cas de Michelin à Clermont-Ferrand ou de Peugeot à Sochaux-Montbéliard.

Plus récemment, dans les années 1950 et 1960, les grandes vallées ont continué à s'industrialiser sur la base d'industries lourdes, comme la basse vallée de la Seine avec la pétrochimie ou la vallée du Rhône avec le couloir de la chimie au sud de Lyon. Elles connaissent aujourd'hui d'inégales difficultés : certaines grandes unités de raffinage ont fermé comme l'usine Petroplus de Petit Couronne à Rouen, Sanofi dans la région lyonnaise a annoncé d'importants licenciements, mais d'autres résistent bien.

FOCUS : Qu'est-ce que la décentralisation industrielle ?

- À la fin de la Seconde Guerre mondiale, le poids de Paris dans l'organisation du territoire français est critiqué, en partie à la suite de la parution de l'ouvrage de Jean-François Gravier, *Paris et le désert français* (1947). L'État engage alors dans les années 1960 et 1970 une politique d'aménagement volontariste destinée à rééquilibrer le territoire français. Dans sa dimension économique, le rééquilibrage est notamment passé par la politique de décentralisation industrielle.
- Celle-ci consiste en un découragement des installations industrielles dans la région parisienne, pénalisées par une redevance, et à l'inverse en un encouragement au développement industriel dans les régions considérées comme sous-industrialisées ou en crise industrielle. Ces mesures sont d'autant plus efficaces que les industriels, surtout dans le domaine de l'automobile, de la mécanique, de l'électroménager, avaient déjà engagé cette dynamique. Elle contribue à l'industrialisation des marges du Bassin parisien et du Grand Ouest. L'entreprise Renault joue un rôle pionnier en transférant précocement ses usines au Mans, le long de la Seine à Flins, puis au Havre et à Douai dans le bassin du Nord. L'entreprise Citroën suit avec la construction de la grande usine de la Janais au sud de Rennes.
- Mais il s'agit en réalité plutôt d'une déconcentration industrielle, c'est-à-dire d'un transfert des unités de production et des tâches d'exécution, tandis que le centre parisien conserve les fonctions directionnelles.

2.3 Revitaliser les territoires industriels et miniers en crise : aménagements et enjeux socio-environnementaux

Depuis les années 1970-1980, ces industries anciennes ne répondent plus aux logiques contemporaines de fonctionnement de l'industrie. Or la faillite de ces industries a laissé des traces paysagères et des stigmates socio-économiques. Ces territoires demandent à être revitalisés.

• Les marques de la crise

La crise de ces espaces recouvre différents aspects dont certains sont visibles sur les cartes.

Il s'agit en premier lieu d'une crise économique et sociale. Avec la disparition de l'activité industrielle, le chômage explose. C'est le cas dans les anciens bassins houillers, dont l'exploitation a complètement cessé, depuis les petites mines du Massif central fermées dans les années 1950, jusqu'à la fermeture la plus récente, celle de Gardanne près d'Aix-en-Provence en 2003. Divers dispositifs, comme le plan Jeanneney pour le bassin houiller du Nord, sont mis en place pour amortir la crise en organisant une fermeture progressive des puits, et en essayant d'assurer une transition économique. La crise a été catastrophique pour les villes ou régions mono-industrielles, impliquant non seulement la suppression d'emplois directs, mais aussi de nombreux emplois indirects comme les sous-traitants dans le domaine de l'automobile, ou d'emplois induits par la présence des ouvriers et de leur famille stimulant les emplois de l'économie présentielle. La crise économique se traduit partout par un déclin démographique dont attestent les statistiques démographiques qui contrastent nettement avec l'explosion démographique des débuts et de l'apogée de l'exploitation. Sur la carte, cela apparaît notamment grâce aux chiffres de population qui diminuent depuis les années 1970, ou encore grâce à la mention « anc. » qui signifie « ancien » atelier, usine ou fabrique.

La crise est également urbaine. Les villes, surtout celles manquant de centralité, demandent à être réorganisées. D'autant que les espaces urbains sont marqués par des friches urbaines, industrielles ou ferroviaires. Les friches représentent des dents creuses au sein du tissu urbain, des terrains le plus souvent pollués, et des espaces à surveiller car dangereux et pouvant constituer des espaces de trafics. Si bien qu'en l'état, les friches dévalorisent l'espace urbain.

• Patrimonialisation et réaménagement des anciennes régions minières et industrielles

Le traitement des friches est très variable. La présence d'une carte d'une édition plus ancienne facilite leur analyse, mais les cartes contemporaines donnent aussi des indices. Certaines friches disparaissent : les puits sont comblés pour éviter les accidents, les terrils aplanis ou recouverts par la végétation, les usines sont démantelées, les triages et les voies ferrées dédiés à l'exploitation démolis. On en repère néanmoins les traces avec la persistance des remblais le long des anciennes voies ferrés, ou de zones terrassées à l'emplacement des anciennes usines.

D'autres friches sont conservées à des fins patrimoniales. C'est souvent le cas des terrils, des vastes bâtiments d'exploitation, et bien sûr des corons, encore habités pour la plupart, et qui doivent être rénovés. La valorisation de ces héritages implique souvent de lourdes et coûteuses opérations de dépollution et de sécurisation. Des musées retraçant l'histoire, le matériel et les métiers industriels et miniers sont ouverts afin de les faire accéder au statut de patrimoine. La notion de patrimoine industriel se développe en parallèle de la crise industrielle des années 1970. Elle élargit le champ du patrimoine à l'industrie, et intègre une logique de conservation non seulement architecturale, mais aussi technique et sociale. Les modes de vie structurés par l'activité minière ou industrielle, ainsi que les savoir-faire spécifiques font aussi l'objet d'une conservation. Le bassin minier du Nord a fait l'objet d'une patrimonialisation particulièrement marquée. Elle est née de l'initiative d'acteurs locaux menée dès 1990. En 1993 est créé le Centre de la Mine et du Chemin de fer à Oignies qui propose la visite d'un musée. Le Bassin minier du Nord est inscrit sur la liste incitative de l'État français en 2002, et entre finalement au Patrimoine mondial de l'humanité de l'UNESCO en 2012.

Enfin, les friches requalifiées peuvent permettre le développement de loisirs. Les terrils sont souvent dotés de chemins permettant leur ascension par les promeneurs, et ils sont fréquemment végétalisés. À Carmaux, la mise en eau de la mine à ciel ouvert a permis de créer une base de loisirs. Et à Nantes, le hangar à bananes et l'ancienne usine de biscuits Lu de l'Île de Nantes ont été transformés en espaces culturels ouverts au public. Ces aménagements permettent leur réinvestissement par les habitants.

Exemple : Réaliser un schéma diachronique des héritages miniers de Nœux-les-Mines

La comparaison de cartes d'édition différente peut se prêter à la réalisation d'un schéma diachronique permettant d'en souligner les évolutions. Ici nous comparons une carte de Nœux-le-Mines dans le bassin minier du Nord réalisée en 1935, à l'apogée du système minier, et une carte contemporaine.

On observe d'abord le maintien de certains héritages : le centre villageois sur lequel s'est greffée l'urbanisation du XIXe siècle, les corons, l'axe ferroviaire. Mais la plupart des terrils, des triages ferroviaires et des carreaux de mine ont été démantelés. En revanche de nouveaux éléments se sont développés, à partir des héritages comme l'aménagement de la base « Loisinord » avec sa piste de ski sur le terril, un lac à la place de la fosse n° 3, et de nouvelles fonctions industrielles sous forme de petites zones réutilisant les vides.

En ce qui concerne l'évolution des espaces urbains, on note d'une part la quasi-absence de périurbanisation qui indique une stagnation démographique depuis la crise minière, et d'autre part un réaménagement à une échelle très fine. On observe au centre-ouest un petit centre de services et au centre-est un centre commercial tous deux destinés à compenser la sous-tertiarisation, et à créer une petite centralité à l'échelle de la commune.

Figure 4.4 Nœux-les-Mines en 1935 et aujourd'hui

Sources : Extrait de la carte IGN au 1/50 000 Béthune 2405, 1935 (à gauche)
et de la carte IGN au 1/25 000 Béthune 2405 O, 2006 (à droite).

Figure 4.5 Schéma diachronique de Nœux-les-Mines

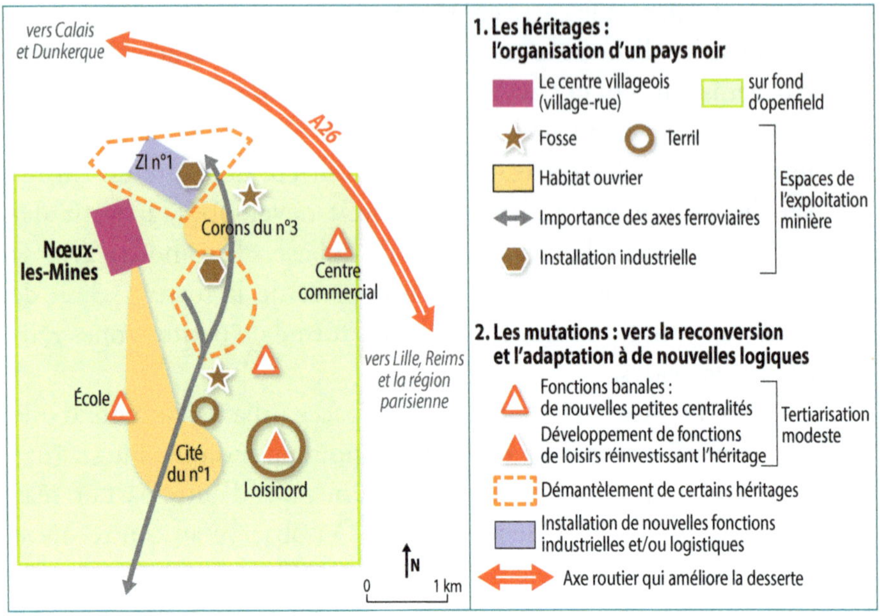

• La revitalisation des anciens territoires miniers et industriels sur la carte

La revitalisation économique de ces espaces industriels et miniers en crise est un véritable défi pour l'État et les collectivités territoriales qui y sont confrontés. Le développement d'industries de substitution a d'abord été privilégié comme avec l'implantation de Peugeot à Mulhouse dans les années 1980, ou comme l'installation de Toyota à Valenciennes dans les années 2000. Cette substitution s'observe sur la carte avec le développement de zones industrielles à partir des années 1980.

Les pouvoirs publics ont également favorisé le développement de fonctions tertiaires. Des activités telles que des services publics ou des centres commerciaux ont été implantées dans ces territoires. Mais certaines de ces régions industrielles et minières en crise ont reçu des services de niveau supérieur tels que de grands équipements culturels. C'est le cas de l'installation d'antennes de musées nationaux comme le musée Pompidou à Metz, ou le Louvre à Lens. Cette offre muséale haut de gamme a pour objectif de revaloriser l'image de ces territoires et d'en favoriser la fréquentation touristique.

Ces deux logiques sont étroitement liées à l'amélioration de l'accessibilité : la « rocade minière » (A21) traverse l'ensemble du bassin houiller du Nord, l'autoroute A1 et la ligne TGV relient Paris à Lille, ou le TGV Est met le sillon lorrain à moins de 2 heures de Paris.

Comment commenter les anciens espaces industriels et miniers ?

1. Localiser le **territoire** à petite échelle et le resituer dans une région industrielle plus large : bassin minier du Nord, bassin minier du Massif central, sidérurgie lorraine de la vallée de la Moselle et de la Fensh…
2. Identifier **le(s) puit(s) ou les grandes unités de productions**.
3. Décrire à grande échelle les **différents bâtiments et équipements** encore visibles sur l'extrait permettant de comprendre le fonctionnement du système minier ou industriel.
4. Mettre en évidence l'**incidence** de l'exploitation minière **sur l'organisation de l'espace** : urbanisation, morphologie urbaine, ségrégation spatiale, sous-équipement tertiaire…
5. Présenter la **gestion de ces héritages** : disparition, réaménagement ou valorisation.
6. Présenter les **efforts de reconversion** économique et de **réhabilitation** urbaine.

• La revitalisation par les dynamiques métropolitaines et transfrontalières

La proximité d'une métropole est un facteur-clef dans la réussite de la revitalisation. Celle-ci favorise en effet l'installation de nouvelles fonctions dans le cadre du desserrement fonctionnel, mais aussi de nouveaux habitants dans celui du desserrement résidentiel. Ainsi la partie centre-ouest du bassin houiller du Nord, située au sud de Lille, accueille l'aéroport, des zones industrielles et commerciales, et une partie de la périurbanisation lilloise.

Une situation frontalière peut également constituer un atout déterminant, comme c'est le cas pour la Franche-Comté ou le nord de la Lorraine. La proximité immédiate de la Suisse pour la première et du Luxembourg pour la seconde a favorisé le maintien d'un certain dynamisme économique. Ces territoires transfrontaliers sont caractérisés :

- par une extension périurbaine comme à partir de Genève dans le Genevois français et la vallée de l'Arve ;

– par d'intenses mobilités pendulaires de travailleurs frontaliers franchissant quotidiennement la frontière ;
– par des flux de chalandises correspondant à des achats effectués dans le pays voisins et stimulés par le différentiel frontalier en matière salariale et fiscale.

Ces espaces sont enfin le lieu d'une coopération transfrontalière approfondie, associant des communes ou des régions des différents États. Elle facilite la gestion intégrée des agglomérations transfrontalières, par exemple dans le domaine des transports en commun, de l'offre commercial et parfois même des logements sociaux. Ces phénomènes sont aidés par la construction européenne et l'espace Schengen. En Lorraine, un partenariat transfrontalier a émergé autour de l'enjeu commun de la reconversion d'une mono-activité sidérurgique en crise. Cette coopération s'opère à un niveau communal entre les environs de Longwy et le Luxembourg dans le cadre du Pôle européen de développement (PED), attirant de nombreuses entreprises industrielles et logistiques.

Quels sont les différents types d'espaces frontaliers ?

• La France compte 8 principales frontières terrestres internationales : en métropole les frontières avec l'Espagne, l'Italie, la Suisse, l'Allemagne, le Luxembourg, et la Belgique ; et en Outre-mer les frontières guyanaises avec le Brésil et le Surinam.

• Les espaces frontaliers sont marqués par des dynamiques différentes :
– Des espaces frontaliers peu dynamiques : les Ardennes, la plus grande partie des chaînes montagnardes frontalières…
– Des espaces frontaliers au développement ponctuel : autour de points de passages majeurs comme les franchissements alpins ou pyrénéens…
– Des espaces frontaliers fort dynamiques, dits territoires transfrontaliers car il y a là une logique de dépassement de la frontière. Ces espaces se développent à proximité de métropoles : Lille, Genève, dans une moindre mesure Strasbourg, Nice, Monaco et Andorre. Mais ils peuvent aussi se développer au niveau des portes d'entrées du territoire français : les grands ports comme celui de Marseille ou de Calais avec le point de départ du tunnel sous la Manche, ou encore les aéroports au premier rang desquels celui de Roissy.

Comment commenter les espaces frontaliers ?

L'analyse des espaces frontaliers doit se faire selon deux angles : celui de la coupure, et celui de la couture.

Attention ! La partie étrangère de la carte n'a pas à être commentée, mais elle doit être prise en compte pour comprendre les effets de la frontière sur l'organisation de l'espace côté français.

1. Identifier le **site frontalier** qui peut être un obstacle naturel, comme le Rhin, les Pyrénées, les Alpes, mais en prenant garde à ne pas qualifier ces frontières de « naturelles », puisque toute frontière est artificielle car tracée par les sociétés.

2. Noter les **contrastes** en matière de paysages et d'aménagement de part et d'autre de la frontière, qui peuvent s'accompagner de discontinuités toponymiques – sauf dans le cas d'aires culturelles transfrontalières comme en pays basque, en pays catalan, ou dans le val d'Aoste.

3. Repérer et remettre en contexte les **discontinuités** liées aux fonctions de contrôle : douane, bornes-frontières… ; aux fonctions défensives : doublets urbains frontaliers, glacis forestier, forteresses et autres équipements militaires comme les forts, batteries, les blockhaus… Discontinuités qui ont souvent une traduction dans la configuration des axes de circulation anciens.

4. Analyser les **formes actuelles de continuité transfrontalière** : des réseaux de transport traversant la frontière, une nappe périurbaine transfrontalière, de vastes zones commerciales situées aux abords immédiats de la frontière…

3. Paysages et enjeux des espaces industriels actuels

3.1 Les territoires dynamiques de l'industrie : la compétitivité sur la carte

Les logiques actuelles de l'industrie sont directement liées à celles de la mondialisation, où les facteurs de compétitivité industrielle tiennent d'une part à une bonne connexion aux interfaces et d'autre part à l'innovation. De nouveaux espaces industriels performants se développent.

• Les parcs technologiques

Les premiers parcs technologiques apparaissent dans les années 1970 à l'initiative de l'État et d'acteurs privés sur le modèle de la Silicon Valley américaine. Ces parcs technologiques relèvent des fonctions métropolitaines, ou de ce que certains géographes ont appelé le secteur tertiaire supérieur ou même le secteur quaternaire. Les pionniers sont la ZIRST (zone d'innovation et de recherche scientifique et technique) de Meylan au nord-ouest de Grenoble, et le technopôle de Sophia-Antipolis à l'ouest de Nice. Dans leur sillage, les parcs technologiques se multiplient dans les années 1990. Aujourd'hui quasiment chaque ville moyenne ou grande en est dotée. Mais tous n'ont pas la même importance. Quelques métropoles se distinguent par une spécialisation dans les nouvelles technologies : on les appelle des technopoles au sein desquelles se trouvent un ou plusieurs technopôles. C'est le cas de Grenoble dans le domaine des nanotechnologies, de Montpellier dans celui des biotechnologies et des techniques médicales, de Toulouse dans le domaine de l'aéronautique ou du plateau de Saclay au sud de Paris. Le centre spatial guyanais (CSG) de Kourou avec son site de lancement de fusées français et européen représente une enclave de très haute technologie en Guyane.

Sur une carte, il faut commencer par identifier leurs logiques de localisation. À petite échelle, ces parcs technologiques se développent surtout dans la France du Sud et de l'Ouest, et leur localisation obéit à la fois à une logique d'évitement des anciens espaces industriels et à une logique d'attractivité pour les cadres supérieurs. La qualité du cadre de vie (mer, montagne, douceur du climat), la proximité d'une métropole et d'un axe majeur de transport ou d'un aéroport sont déterminantes. À plus grande échelle, ces parcs technologiques se trouvent aux abords des agglomérations : ils participent à l'émergence de centralités périphériques. Cette situation leur permet de bénéficier de vastes surfaces disponibles et d'un accès rapide aux nœuds ferroviaires et autoroutiers.

À une échelle micro-locale, le fonctionnement d'un parc technologique est fondé sur le principe de synergies entre des structures de formation – universités et grandes écoles –, des entreprises, et des établissements dédiés à la recherche – laboratoires publics et/ou privés. Les bâtiments sont généralement dispersés dans un environnement agréable : une forêt ou un parc. On n'y trouve peu ou pas d'unités de production, ce qui les rapproche plus des services de niveau supérieur que de l'industrie au sens strict. Les parcs technologiques sont attractifs pour les travailleurs très qualifiés, y compris étrangers, d'où la présence d'établissements scolaires internationaux et d'une périurbanisation qui prend le plus souvent la forme de lotissements cossus.

L'État a développé depuis 2005 la politique des pôles de compétitivité, et a labellisé 71 sites, dont les plus prometteurs sont distingués par le statut de « pôle à vocation mondiale » comme le pôle Finance Innovation dans la région parisienne.

• Les territoires spécialisés de l'industrie

Certains de ces pôles de compétitivité prennent appui sur des spécialisations industrielles anciennes. Car il faut nuancer le constat d'une crise généralisée des anciens espaces industriels : une partie de ces espaces est parvenue à se moderniser et s'intègre aujourd'hui aux territoires industriels dynamiques. C'est le cas du décolletage (métallurgie de précision) de la vallée de l'Arve en Savoie, de la plasturgie d'Oyonnax dans le Jura avec la « Plastics Valley », de la lunetterie à Morez toujours dans le Jura, ou encore de la coutellerie à Thiers dans le Massif central. Leur compétitivité et leur flexibilité sont fondées sur une réorientation vers le luxe ou les technologies de pointe, et sur le rassemblement dans un territoire restreint de petites et moyennes entreprises qui participent à une double logique de concurrence et de coopération. Leur repérage sur la carte n'est pas évident : il est nécessaire d'avoir la géographie de ces territoires en tête. Ces espaces sont identifiables par la prolifération de petites structures industrielles, dont les fonctions ne sont pas systématiquement mentionnées.

Dans un tout autre domaine, la logistique constitue un secteur qui se développe avec les logiques de mondialisation. Elle est à l'origine d'espaces très spécifiques tels que les plateformes multimodales qui mettent en relation plusieurs modes de transport : routier, autoroutier, ferroviaire, fluvial, voire aéroportuaire. Elles permettent d'accroître l'efficacité du transport de marchandises en limitant les ruptures de charge. Elles sont situées sur de grands axes et jouent comme des interfaces essentielles, c'est le cas de Delta 3 dans le Nord, et surtout de Roissy, une plateforme logistique majeure avec ses zones de fret dédiées au transport de marchandises et sa connexion aux axes routiers, au TGV et au RER.

3.2 Les risques technologiques : nature et mesures

Le risque est la rencontre entre un aléa et une ou plusieurs vulnérabilités, c'est-à-dire la rencontre entre un phénomène exceptionnel et une fragilité sociale, économique ou environnementale. La manifestation du risque est appelée catastrophe. Dans le cas des risques technologiques, par opposition aux risques naturels, l'aléa ne relève pas d'un phénomène naturel (crue, tempête, éruption, séisme, incendie…), mais d'une origine humaine ou technologique. Ce terme de risques technologiques englobe les risques industriels à proprement parler, mais aussi les risques TMD (transports de matières dangereuses) auxquels sont exposés les axes majeurs de circulation.

Les risques technologiques sont très divers et varient d'un aménagement à un autre : les galeries souterraines des bassins miniers exposent à des affaissements, les barrages présentent des risques de rupture, les industries lourdes et les stockages d'hydrocarbures présentent des risques de pollution des eaux, des sols, de l'air et des risques d'explosion… Risques naturels et technologiques peuvent se combiner, comme lorsque des risques sismiques ou des inondations menacent des équipements industriels. L'urbanisation a accru les risques en augmentant la vulnérabilité. L'usine chimique AZF à Toulouse a été implantée à l'extérieur de la ville dans les années 1920, mais s'est trouvée rattrapée par la périurbanisation rapide de l'agglomération, d'où la gravité de son explosion de 2001.

Les risques nucléaires sont à mettre à part en raison de la gravité des conséquences potentielles. Les incidents et accidents nucléaires sont mesurés sur l'échelle INES (*International Nuclear Event Scale*) et le territoire français n'a été touché que par des incidents de faible gravité. Le parc nucléaire français est vieillissant, et la catastrophe nucléaire de Fukushima au Japon en 2011 a remis en cause l'utilisation de l'énergie nucléaire.

La lutte contre les risques technologiques repose en France sur 3 dispositions. La première est la loi Seveso adoptée en France en 1976, devenue une directive européenne dans les années 1990, et confirmée par la loi Risques de 2003. Mise en place après le terrible accident industriel de Seveso en Italie, la loi impose une recension des sites industriels en distinguant un seuil haut et un seuil bas de risque. Suivant la classification, les exploitants des sites industriels sont astreints à des normes de sécurité plus ou moins drastiques.

Le deuxième instrument de la lutte contre les risques technologiques est l'obligation depuis 2003 pour les communes à risques de se doter d'un PPRT (plan de prévention des risques technologiques). Le principe est le même que pour les PPRN : une prévention des risques fondée sur la réglementation de l'urbanisation à proximité des sites sensibles. Le risque technologique, comme tous les risques auxquels est soumis un territoire communal donné, doit être mentionné dans un document public, le DICRIM (document d'information communal sur les risques majeurs).

Enfin depuis 2008, la loi sur la Responsabilité environnementale (LRE) institue le principe du pollueur-payeur. En cas d'accident, l'exploitant engage sa responsabilité civile, voire pénale. Davantage qu'une simple indemnisation, la loi impose une obligation de prévention et de réparation à la charge de l'exploitant dont l'activité représente une menace pour les populations ou l'environnement.

Ces mesures ne sont que peu visibles sur les cartes topographiques : on notera l'éloignement des sites dangereux des quartiers résidentiels. Mais les différents plans de prévention peuvent constituer des documents d'appui à analyser dans le commentaire.

Où trouve-t-on des risques technologiques particulièrement forts en France ?

- Les risques technologiques sont très fréquents en France métropolitaine et ultramarine, cependant les risques technologiques se concentrent. sur certains territoires particulièrement urbanisés et industrialisés
- C'est le cas lorsque les aléas sont particulièrement intenses comme :

– dans les grandes zones industrialo-portuaires de Fos-sur-Mer, Le Havre, Dunkerque, Bordeaux, mais aussi Rouen ;
– dans les régions industrielles telles que la vallée de la chimie au sud de Lyon, le sillon lorrain, les vallées alpines de la Maurienne et la Tarentaise… ;
– dans les territoires où aléas naturels et technologiques se conjuguent.

- C'est également le cas lorsque les vulnérabilités sont importantes comme :

– dans les régions fortement urbanisées telles que la région lyonnaise ou le Bassin parisien ;
– dans les régions aux écosystèmes fragiles tels que la Camargue toute proche du port de Fos-sur-Mer.

Commenter un espace industriel : l'exemple de Woippy

Source : Extrait de la carte IGN au 1/25 000 Woippy-Uckange 3412 O, 2010.

Localisation

- Florange et Uckange se situent au nord de la Lorraine, à environ 25 km au nord de Metz et à 65 km au sud de la frontière luxembourgeoise.

Commentaire des activités et paysages industriels

- L'activité industrielle s'est développée dans tout le sillon mosellan. Nous sommes ici au cœur de ce qui fut autrefois le principal bassin de production d'acier en France, avant la migration de la sidérurgie vers les littoraux. En effet, la région possédait des gisements à la fois de fer à l'ouest de Nancy et de Metz que l'on appelait la « minette lorraine », et de charbon au sud et à l'est de Metz.
- On trouve sur cet extrait toutes les étapes de la chaîne de production de l'acier :
  - La 1re étape est la fusion du coke, du fer et du ciment pour obtenir des lingots de fonte dans les hauts fourneaux dont d'anciens sont visibles à l'ouest d'Uckange.
  - La 2e étape consiste en la suppression du carbone pour en faire de l'acier dans l'aciérie.
  - La 3e étape est la transformation des lingots d'acier en « produits longs » dans des laminoirs notamment visibles au nord de Florange. L'ensemble se caractérise par un gigantisme des installations : l'usine sidérurgique du centre-ouest de l'extrait mesure près d'un kilomètre de long sur plus de 400 m de large, l'ensemble du nord-ouest occupe plus d'1 km^2. L'espace est marqué par des infrastructures omniprésentes et elles-mêmes démesurées.
  - La 4e étape est l'acheminement vers les usines métallurgiques ou automobiles grâce aux réseaux routier (départementales connectées à l'A30 et l'A31), fluvial (port à l'ouest d'Illange) et ferré. Les voies longent l'axe de la Moselle et l'ampleur des triages (20 voies au nord d'Uckange) résulte du volume d'acier produit. Les usines métallurgiques sont rarement indiquées sur la carte, mais elles correspondent aux unités de taille plus réduite telles que celles situées au nord de l'usine électrique de Saint-Hubert ou celles situées entre le port fluvial et la voie ferrée au niveau de Florange.
  - La 5e étape correspond au recyclage d'une partie des déchets de la fusion des minerais réduits en poudre pour être recyclée en

ciment ce qui apparaît avec la cimenterie située au nord de l'extrait. Les déchets non recyclables sont entassés en crassiers, l'équivalent des terrils des mines du nord. Et ces usines, fortement consommatrices d'énergie sont alimentées par des centrales : hydroélectrique sur le cours de la Moselle, thermique au sud-ouest de l'extrait, d'où partent un grand nombre de lignes à haute tension.

- Enfin l'industrie est associée à des formes urbaines spécifiques. Les petits centres villageois comme à l'est d'Uckange ou de Florange étaient présents avant l'installation de l'industrie sidérurgique. Elle a entraîné le développement de cités ouvrières de petites maisons individuelles ou mitoyennes comme à proximité des usines sidérurgiques, ou encore la Cité des Roses et la Cité des Sports. On note aussi la Cité des Castors, un lotissement ouvrier autoconstruit collectivement après-guerre. L'ensemble de ces quartiers est marqué par de fortes discontinuités liées aux infrastructures. Enfin apparaît un habitat populaire plus récent constitué de grands ensembles sous forme de barres de 1re génération (années 1960) à l'ouest d'Uckange.

- Mais cette région industrielle est en crise, comme le montre la mention d'un ancien haut-fourneau : toutes les usines ont fermé les unes après les autres à partir des années 1950. La présence de levées de terre au sud des infrastructures portuaires peut éventuellement indiquer des usines démontées, même si cela est difficile à déterminer en l'absence de carte d'une édition plus ancienne. Mais l'essentiel des usines reste, imposant leur marque paysagère massive. L'arrêt de l'exploitation pose des problèmes environnementaux, car la production était très polluante comme l'indiquent le nombre et la taille des stations d'épuration.

- On relève néanmoins certaines dynamiques de revitalisation et de croissance urbaine. Ainsi se développe une modeste périurbanisation, comme à la résidence Pont de Pierre, au sud d'Uckange, à dater des années 1990, et à différencier des cités ouvrières par son bâti plus aéré et sa trame viaire avec des voies en cul-de-sac. Des ensembles pavillonnaires récents sont repérables : les Chardons à l'ouest d'Uckange, ou les Coteaux au sud d'Illange.

- On relève par ailleurs la présence d'espaces industriels récents, comme le parc d'activités de Sainte-Agathe au centre-ouest de l'extrait, ou la zone artisanale tout au sud-ouest, qui prennent très partiellement le relais de l'ancienne industrie lourde. Ces zones qui rassemblent de plus petites entreprises, sont localisées à proximité de l'échangeur entre l'autoroute à l'est et la nationale à l'ouest. En effet, dans cette logique, cet espace bénéficie de trois atouts majeurs : la proximité de Metz à moins de 30 km au sud, celle de la frontière luxembourgeoise à une vingtaine de kilomètres au nord, les deux métropoles étant reliées par un axe important, l'A31, qui passe à l'est de la Moselle.

Chapitre 5

Décrire et analyser les territoires de montagne

Objectifs

- Repérer les formes de relief et les formations végétales spécifiques.
- Identifier et dater les différentes activités et aménagements des espaces montagnards.
- Identifier les logiques et contraintes de l'aménagement des espaces montagnards.
- Analyser les enjeux spatiaux, sociaux, environnementaux des espaces montagnards.

Le cadre montagnard est défini par la conjonction de pentes et d'une altitude supérieure à 500 mètres. Les montagnes ne couvrent qu'environ 14 % du territoire français, mais elles présentent une grande diversité de situations. Cette variété tient :

– *à l'altitude* : les sommets alpins culminent à plus de 4 000 m (Mont Blanc : 4 808 m), les sommets des Pyrénées et du Massif corse dépassent les 2 500 m, mais c'est loin d'être le cas des autres massifs français. Le Massif central culmine à 1 880 m, le Jura à 1 700 m, les Vosges à 1 400 m ;

– *à la latitude* : les massifs méditerranéens comme les Alpilles ou le Massif corse diffèrent des massifs septentrionaux comme les Vosges par leur enneigement et leurs essences ;

– *aux formes de reliefs* fort différentes selon qu'il y ait eu ou non du volcanisme, et des glaciers ;
– enfin *aux aménagements et modalités de mise en valeur.*

Le commentaire d'un territoire de montagne doit rendre compte à la fois des spécificités du milieu montagnard représenté mais aussi de l'évolution de la mise en valeur et des enjeux de durabilité auxquels il est exposé.

1. Organisation des massifs et activités héritées des montagnes en métropole

1.1 Présenter le cadre montagnard

Comme pour tout espace, le commentaire commence par la présentation des caractéristiques topographiques et paysagères de l'environnement montagnard, en progressant des remarques les plus générales vers les plus fines.

Le premier élément à repérer est l'appartenance de l'espace représenté à la moyenne montagne (500-1 500 m), à la haute montagne (1 500-2 500 m) ou bien à la très haute montagne (plus de 2 500 m).

Ensuite, il convient de décrire l'organisation générale du massif comme on l'a expliqué dans le premier chapitre : nombre et orientation des chaînons, forme de leurs sommets, ampleur et forme des vallées qui les séparent. Puis, de décrire les éventuelles formes spécifiques, vives ou héritées du volcanisme ou de l'empreinte glaciaire.

Enfin, on décrit l'étagement de la végétation comme indiqué dans le chapitre 2 en identifiant sur la carte les altitudes auxquelles interviennent les différents seuils biogéographiques, c'est-à-dire l'altitude à laquelle on passe en métropole de l'étage collinéen à l'étage montagnard, de l'étage montagnard à l'étage alpin, et de l'étage alpin à l'étage nival. Et on précisera les situations où certains seuils biogéographiques sont décalés selon que l'on soit en position d'adret ou d'ubac, ou selon que l'on soit en versant au vent ou sous le vent.

Une fois le cadre montagnard présenté, le commentaire aborde la manière dont les sociétés montagnardes en ont tiré parti, et comment sa mise en valeur a évolué.

1.2 Les activités agricoles des montagnes en métropole : permanences et mutations

Les montagnes de France métropolitaine ont historiquement fait l'objet d'une mise en valeur agricole qui, si elle n'est plus que marginale économiquement, contribue encore largement à modeler les paysages. Il faut repérer sur la carte ces activités ou les traces paysagères qu'elles ont laissées.

Bien que l'on puisse parfois trouver dans les vallées des cultures de céréales et des vergers, l'agriculture montagnarde est majoritairement pastorale. L'élevage apparaît sur la carte, notamment en analysant l'habitat montagnard. Traditionnellement, il s'agit d'un habitat groupé en villages ou hameaux situés en fond de vallée ou bien sur les replats des versants bien exposés. On peut avoir l'impression d'un habitat dispersé qui correspond en réalité le plus souvent à des bâtiments agricoles ou à un habitat temporaire liés à l'élevage. Par exemple, on trouve parfois à mi-pente des granges ou fenils destinés à stocker le fourrage au-dessus de l'humidité de la vallée. Le fourrage est nécessaire pour nourrir les bêtes – bovins ou ovins – qui sont contraintes de rester à l'étable ou dans la bergerie l'hiver. Sur les versants et au niveau de l'étage alpin, des chalets ou bergeries qui permettaient de surveiller les bêtes dans les pâturages d'été sont visibles. D'autres bâtiments mentionnés peuvent être révélateurs : abattoirs, fruitières, coopératives laitières par exemple.

La dispersion apparente de l'habitat s'explique donc par les pratiques de remue, aussi appelée estive, au cours de laquelle les bergers des Alpes du Nord guidaient leurs troupeaux de bovins des vallées aux alpages pour l'été. Elle s'explique également par la transhumance traditionnellement pratiquée par les troupeaux d'ovins qui descendaient l'hiver depuis les Alpes du Sud dans la plaine de la Crau, depuis les Pyrénées vers les Landes, ou depuis les Cévennes vers les Garrigues nîmoises. Les chemins empruntés par les troupeaux étaient appelés les drailles ou carraires. Ces déplacements de plusieurs dizaines à plusieurs centaines de kilomètres sont de moins en moins pratiqués, et lorsque les troupeaux sont encore déplacés, ils le sont essentiellement par camion. Quelques troupeaux transhumants sont maintenus mais surtout à titre patrimonial et folklorique. Des fêtes de la transhumance sont organisées au cours desquelles les moutons passent dans les villages, sont tondus, marqués, et munis de cloches. Mais il s'agit d'attractions touristiques.

Figure 5.1 Les transhumances provençales

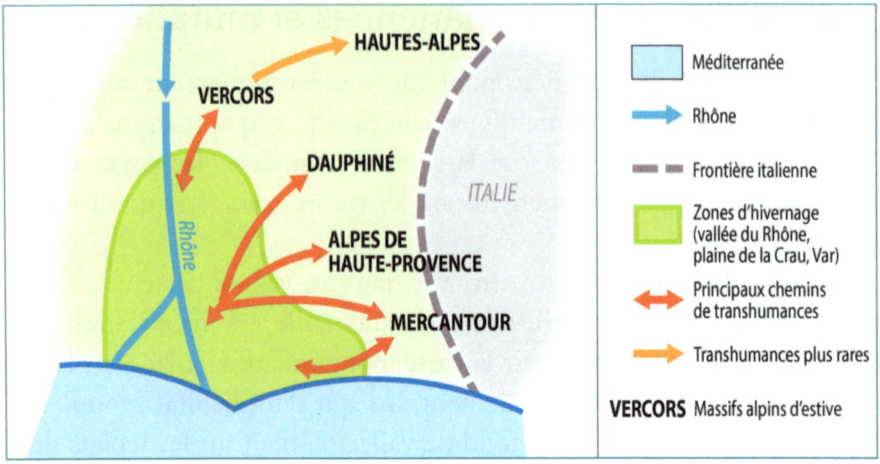

Pendant l'hiver, la rigueur du climat montagnard contraignait à garder les bêtes à l'étable et à suspendre les travaux des champs. Cette inactivité forcée a conduit certaines communautés villageoises à trouver des revenus complémentaires. D'où le développement d'un important travail artisanal dès la fin du XVIIIe siècle (*cf.* chapitre 4).

1.3 Les activités industrielles héritées des montagnes en métropole

À partir de la fin du XVIIIe et le début du XIXe siècles, certaines vallées de moyenne et haute montagne ont ainsi connu le développement d'abord d'ateliers proto-industriels, puis d'un réel tissu industriel. Un second facteur explique le développement d'activités industrielles en montagne en France métropolitaine : la « houille blanche » qui désignait au XIXe siècle l'électricité. La première utilisation industrielle de l'électricité date de 1880, lorsqu'Aristide Bergès installa à Lancey, petite ville de la vallée du Grésivaudan, une centrale hydro-électrique pour alimenter son usine de papier. L'impossibilité de transporter l'électricité a entraîné l'implantation de nombreuses usines dans les vallées de montagne qui se prêtaient à la production hydroélectrique : de nombreux cours d'eau pérennes, des pentes importantes permettant d'aménager des chutes d'eau, et des vallées étroites où il est possible de construire des barrages.

Nombreuses sont les entreprises industrielles de montagne qui ont fait faillite, notamment dans les secteurs de la métallurgie et du textile. Les vallées qui présentent encore aujourd'hui une empreinte industrielle notable sont celles qui ont su lutter contre la concurrence mondialisée en se spécialisant fortement (*cf.* chapitre 4). C'est le cas de la vallée de l'Arve, spécialisée dans le décolletage. C'est également le cas des vallées jurassiennes spécialisées dans l'horlogerie, ou encore de la région d'Oyonnax également dans le Jura, spécialisée dans les plastiques et matériaux intelligents produits dans le cadre du pôle de compétitivité de la Plastics Vallée.

Mais cette économie montagnarde fondée sur la complémentarité de l'agriculture pastorale et d'une industrie de petites unités a été bouleversée par la mise en tourisme de ces territoires.

Où s'est développée une proto-industrie dans les vallées de montagne ?

- Dans les Alpes : travail du fer en Haute-Savoie.
- Dans le Jura : horlogerie, travail de la corne puis du celluloïd autour d'Oyonnax, lunetterie à Morez.
- Dans les Vosges : tissage et confection en lin, fabrication de pipes en buis à Saint-Claude.
- Dans le Massif central : élevage des vers à soie dans les magnaneries des Cévennes, coutellerie autour de Thiers.

2. La mise en tourisme des montagnes en France métropolitaine

2.1 Le retournement imaginaire et les stations de 1re et 2e générations

• Un retournement imaginaire au cours des XVIIIe et XIXe siècles

Le changement de regard sur la haute montagne française s'amorce dès la fin du XVIIIe siècle. L'image de la haute montagne est celle d'un territoire hostile, dangereux, effrayant, qui abrite une société de bergers et paysans misérables et dégénérés comme le suggéraient les expressions de « crétins des Alpes » ou de « goitreux ». Cet imaginaire montagnard de désert austère est d'ailleurs ce qui a attiré les communautés monastiques telles que l'ordre des Chartreux fondé par saint Bruno.

Mais dès le XVIIIe siècle, ces représentations commencent à changer. Avec le romantisme, la montagne devient un lieu qui unit l'horreur à l'agréable. L'imaginaire montagnard est progressivement plus marqué par l'admiration pour les paysages naturels grandioses et l'excitation sportive, que par l'effroi ou le sentiment du danger qui est parfois encore réel. Et au XIXe siècle, les Alpes commencent déjà à devenir le « terrain de jeu de l'Europe » selon l'expression du journaliste et alpiniste britannique Leslie Stephen (1857).

Au début du XIXe siècle, les pratiques touristiques de la montagne se résument surtout au thermalisme dans des villes comme Aix-les-Bains et Évian dans les Alpes, Luchon et Cauterêts dans les Pyrénées, La Bourboule dans le Massif central, Plombières-les-Bains dans les Vosges ou Pietrapola-les-Bains dans le Massif corse. Ces infrastructures thermales sont visibles sur les cartes. Mais l'alpinisme donne progressivement une image plus sportive des séjours alpins qui a conduit à « l'invention du Mont-Blanc[1] ». Dès 1908, un chemin de fer à crémaillère est construit pour permettre aux touristes de Saint-Gervais d'accéder au col de Voza. Mais les activités qui ont réellement transformé les territoires montagnards en France sont les activités touristiques liées aux sports d'hiver.

Les stations de sports d'hiver sont facilement repérables sur les cartes touristiques au blason contenant un flocon bleu et à la présence des remontées mécaniques figurées par de fins traits noirs. Mais elles ne datent pas toutes de la même époque, n'offrent pas les mêmes activités, ne s'adressent pas à la même clientèle et n'ont pas la même organisation spatiale. C'est la raison pour laquelle il convient d'analyser dans le commentaire ces formes touristiques en identifiant les différentes générations de stations.

• Les stations de 1re génération et le Club alpin français

Les stations de 1re génération sont situées principalement en Savoie et datent du XIXe siècle. Elles s'adressaient à l'aristocratie et haute bourgeoisie européenne, c'est-à-dire à une clientèle très privilégiée, et avaient à la fois à une vocation curative (thermes, sanatorium) et une vocation sportive (alpinisme et ski). Elles correspondent à l'époque à laquelle le Club alpin français, fondé en 1874, a joué un rôle considérable dans la promotion de la montagne et des sports d'hiver.

1. L'expression est de l'historien Philippe Joutard, 1986.

Ces stations sont étroitement liées à un noyau villageois et à un accès en train. On les désigne parfois par l'expression de villages-stations. Leur organisation spatiale montre donc une station greffée au village existant situé dans la vallée à moyenne altitude (entre 900 et 1 500 m). Les équipements nécessaires à l'hébergement et aux loisirs de cette clientèle aisée y sont construits : grands hôtels, chalets luxueux, casino, théâtre et la gare ferroviaire occupe une position centrale. Ce type d'organisation caractérise les stations telles que Chamonix (berceau mondial de l'alpinisme), ou Megève.

Figure 5.2 Chamonix : une station de 1re génération

> *Cette photographie est un exemple de document d'appui susceptible d'être choisi pour accompagner un extrait de carte des Alpes.*

Source : © Shutterstock/D. Bond.

Cette photographie représente le centre-ville de Chamonix, ville située en Haute-Savoie. Il s'agit d'une des stations de 1re génération parmi les plus célèbres : les premiers jeux Olympiques d'hiver y ont été organisés en 1924. L'organisation spatiale de ce type de station apparaît sur la photographie avec au premier plan des bâtiments dont les formes rappellent les chalets et l'architecture villageoise savoyarde. Le bâtiment situé au plan médian à gauche montre, lui, une architecture plus massive et urbaine : il date du XIXe siècle, c'est le Grand Hôtel construit pour accueillir les premiers alpinistes fortunés français et européens. Une terrasse de café au premier plan à droite prouve l'importance de l'activité touristique de la station. À l'arrière-plan se déploie le majestueux paysage des sommets alpins, qui confirme une fois encore que l'on est dans une station de 1re génération située dans la vallée à moyenne altitude.

• Les stations de 2e génération : premiers pas vers la démocratisation des sports d'hiver

Une 2e génération de stations de sports d'hiver est apparue dans les années 1930-1950 qui correspond à une première démocratisation : leur clientèle s'étend à l'ensemble de la bourgeoisie. Ces stations sont surtout situées dans les Alpes. Elles perdent leur vocation curative au profit de la seule vocation sportive. L'organisation spatiale des aménagements évolue puisque la station se distingue du noyau villageois.

Figure 5.3 Superbagnères : une station pyrénéenne de 2e génération

Source : Extrait de la carte IGN au 1/25 000 Bagnères-de-Luchon–Lac D'Oô 1848 OT, 2003.

Cet extrait représente la station de 2e génération de Superbagnères construite en 1912 dans les Pyrénées. Elle est l'une des rares à dater de cette époque. L'extrait montre bien au nord-est la station thermale de Bagnères-de-Luchon située dans la vallée à 600 m d'altitude, accessible au début du XXe siècle grâce aux chemins de fer du Midi. La station de ski est, elle, située à plus de 1 800 m, et accessible de la ville par une télécabine.

Ces stations sont situées à une altitude plus élevée que les précédentes (autour de 1 500-1 800 m). Le bâti est constitué de chalets complétés par de petits immeubles en copropriété et des hôtels moins luxueux. Ces stations de 2e génération correspondent à des sites tels que Courchevel ou l'Alpe d'Huez. Il est intéressant de noter qu'en Savoie ces stations ont été créées sous l'impulsion du Conseil général dans un souci de démocratisation de l'accès au sport d'hiver. Or la situation actuelle contraste assez fortement avec cette ambition, car ces stations sont pour la plupart des stations haut de gamme.

2.2 Les stations de 3e génération et le Plan Neige

Les stations de 3e génération ont été construites dans le cadre du Plan Neige. Élaboré en 1964 par la Commission interministérielle pour l'aménagement touristique de la montagne (CIAM), il a été mis en œuvre dans le but de faire de la montagne un « piège à devises ». L'acteur principal de cet aménagement est l'État qui finance et réalise les infrastructures de communication, mais délègue aux communes la viabilisation des terrains, et confie à des promoteurs privés la modernisation de stations existantes ou la création de stations *ex nihilo*. En tout, près de 40 stations dont 20 nouvelles ont été aménagées entre 1964 et 1984. En 20 ans, le nombre de skieurs est multiplié par 4 dans les Alpes, et les Alpes du Nord ont été dotées d'une capacité d'hébergement de près de 550 000 lits. La clientèle est plus populaire car ces stations sont dédiées à un tourisme de masse.

Les stations de 3e génération sont également appelées stations intégrées ou « stations skis aux pieds » car elles sont conçues pour que les hébergements touristiques soient situés à proximité immédiate des pistes de ski comme des équipements de loisirs (patinoires, restaurants, commerces, location de skis, boîtes de nuit).

Leur organisation spatiale, bien étudiée par Rémy Knafou, est très différente des précédentes stations. Elles sont complètement disjointes des noyaux villageois car elles sont situées à haute ou très haute altitude (plus de 1 800 m), fréquemment dans un amphithéâtre montagneux permettant de bénéficier d'un bon ensoleillement en adret, et d'un vaste domaine skiable en ubac. L'accès ne se fait plus par le rail mais par la route. Des routes de montagne aboutissant aux vastes parkings des stations sont reliées aux axes autoroutiers, et notamment à « l'autoroute blanche » (A40). Les stations elles-mêmes sont aménagées comme des espaces urbains : une architecture massive de barres et de tours et un grand nombre de lits (20 000 à 30 000 par station), des places et des rues. L'architecture de ces stations a été soignée et confiée à des architectes de renom des années 1970 : Laurent Chappis, Gérard Chervaz, Marcel Breuer. Si bien que les formes architecturales qui évoquent aujourd'hui plutôt des grands ensembles, étaient à l'origine à la pointe de la modernité et de l'innovation architecturale.

Enfin, les immeubles résidentiels donnent directement sur la grenouillère, c'est-à-dire l'esplanade encore appelée front de neige d'où partent les remonte-pentes qui permettent d'accéder au domaine skiable parfois relié à ceux des stations voisines. C'est notamment le cas du domaine des Trois-Vallées où communiquent entre eux les domaines skiables des stations de Méribel, Courchevel, Val Thorens et Les Ménuires.

Figure 5.4 Les Arcs : une station de 3e génération

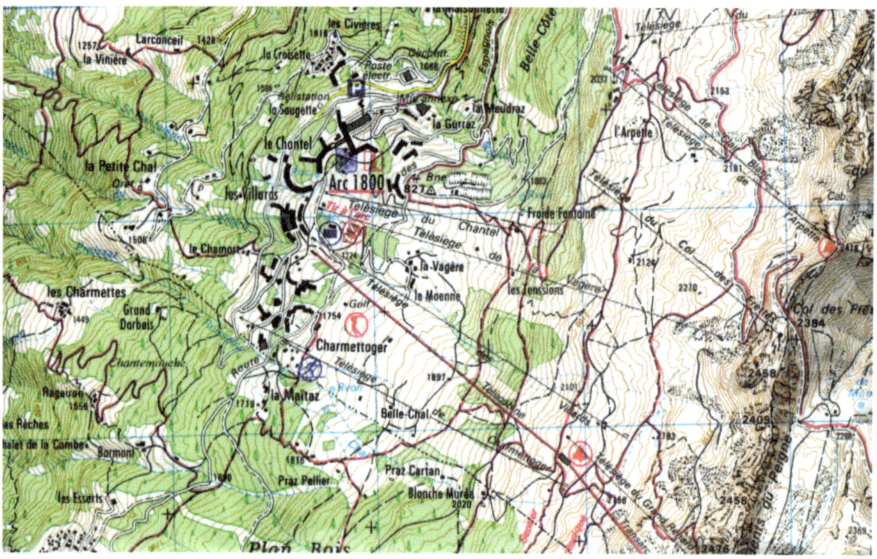

Source : Extrait de la carte IGN au 1/25 000 Les Arcs-La Plagne, 3532 ET, 2008.

L'extrait proposé représente la station des Arcs, emblématique des stations « skis aux pieds » construites dans le cadre du Plan Neige. On peut y lire le modèle d'organisation spatiale de ces stations :
- un site d'amphithéâtres montagneux : la station se trouve à 2 200 m d'altitude et est entourée de sommets dépassant les 2 700 m ;
- un aménagement d'allure urbaine composé d'immeubles imposants ;
- une accessibilité routière uniquement ;
- une station intégrée où 5 téléskis et 1 télécabine partent du pied des immeubles dédiés à l'hébergement des skieurs et à leurs loisirs (tennis, piscine, tir à l'arc...) ;
- des réservoirs d'eau pour alimenter les canons à neige assurant un enneigement abondant pendant toute la saison hivernale.

Si le Plan Neige n'a été mis en œuvre que dans les Alpes, le modèle de stations intégrées ne s'en est pas moins diffusé aux autres massifs français disposant des altitudes suffisantes. On retrouve ainsi des stations dont l'organisation spatiale est similaire dans les Pyrénées, comme à Font-Romeu Pyrénées 2000. Et on en compte quelques-unes également dans le Massif central, comme la station du Lioran.

Cependant, ces stations sont aujourd'hui confrontées au vieillissement des infrastructures et à un certain rejet du tourisme de masse.

• Le vieillissement des infrastructures touristiques

Assez vite ces formes très urbaines ont évoqué aux touristes les grands ensembles de banlieue, et une part grandissante d'entre eux a aspiré à fréquenter autre chose que ces « usines à ski ». Un nombre croissant de skieurs a cherché à retrouver un environnement à la fois plus traditionnel et plus calme. De plus, les équipements et les logements des stations de 3e génération ont vieilli. Les remontées mécaniques, par exemple, construites dans les années 1960-1970, nécessitent une modernisation très coûteuse.

Mais plus encore que les téléskis, ce sont les hébergements qui sont dégradés. En effet, au-delà des 9 ans de fiscalité avantageuse prévue par le Plan Neige, de nombreux appartements ont été mal entretenus (la moitié dans la station des Arcs). Un entretien d'autant plus difficile que les immeubles ont souvent été vendus en multipropriété, c'est-à-dire à de très nombreux copropriétaires se partageant le logement pendant l'année. Ce très grand nombre de copropriétaires peu présents a empêché qu'ils ne se mettent d'accord pour réaliser les travaux d'entretien à temps.

La vétusté de certains logements a conduit à leur abandon, et l'on compte dans les Alpes entre 35 et 40 % de « lits froids », c'est-à-dire d'hébergements inoccupés la plupart du temps.

Où trouve-t-on en France des stations de sports d'hiver de 1re, 2e et 3e générations ?

• Les **stations de 1re génération** ne sont présentes que dans les Alpes. Les principales sont : Chamonix, La Clusaz, Saint-Gervais, Villard-de-Lans, Morzine, Megève, Le Revard (près de Chambéry), Le Grand-Bornand, Valloire.

• Les **stations de 2e génération** ne sont présentes presque que dans les Alpes. Les principales sont : Courchevel, l'Alpe d'Huez, les Deux Alpes, Méribel, Pra-Loup, Auron… On peut signaler l'exception pyrénéenne de la station de Luchon-Superbagnières construite dès 1912.

• Les **stations de 3e génération** :

– Dans les Alpes : La Plagne (Aime 2 000), Les Arcs (1 600, 1 800 et 2 000), Tignes-Val Claret, Val d'Isère-La Daille, La Norma, Val Thorens, Flaine, Avoriaz, Les Ménuires, Isola 2000.

– Dans les Pyrénées : Artouste, Peyragudes, Font-Romeu-Pyrénées 2 000, Gourette, Ax 3 Domaines, Piau-Engaly.

– Dans le Massif central : Le Lioran, Super-Besse.

2.3 Les enjeux de durabilité et les stations de 4e génération

La mise en tourisme des montagnes françaises les a exposées à certains enjeux de durabilité.

Des enjeux de durabilité sociale d'abord. En effet, la saisonnalité des activités touristiques qui sont concentrées pendant la saison hivernale de décembre à mars, et la faible qualification des emplois proposés entretiennent un marché de l'emploi précaire. De plus, la pression foncière et immobilière touristique renchérit les prix et pèse sur les conditions de logement des habitants permanents.

Des enjeux de durabilité économique ensuite. La fréquentation aléatoire des stations selon l'enneigement et les effets de mode compromet la pérennité de l'économie régionale. Et le développement touristique est également fragilisé par les prévisions en matière de réchauffement climatique. Dans certains massifs méridionaux, l'enneigement a déjà diminué de 50 % depuis 1960. Et à l'horizon 2070-2100, les *scenarii* les plus pessimistes ont prévu des baisses d'enneigement de 70 à 80 % en moyenne dans les Alpes à 1 800 m d'altitude.

Figure 5.5 Schéma des 4 générations de stations de sports d'hiver

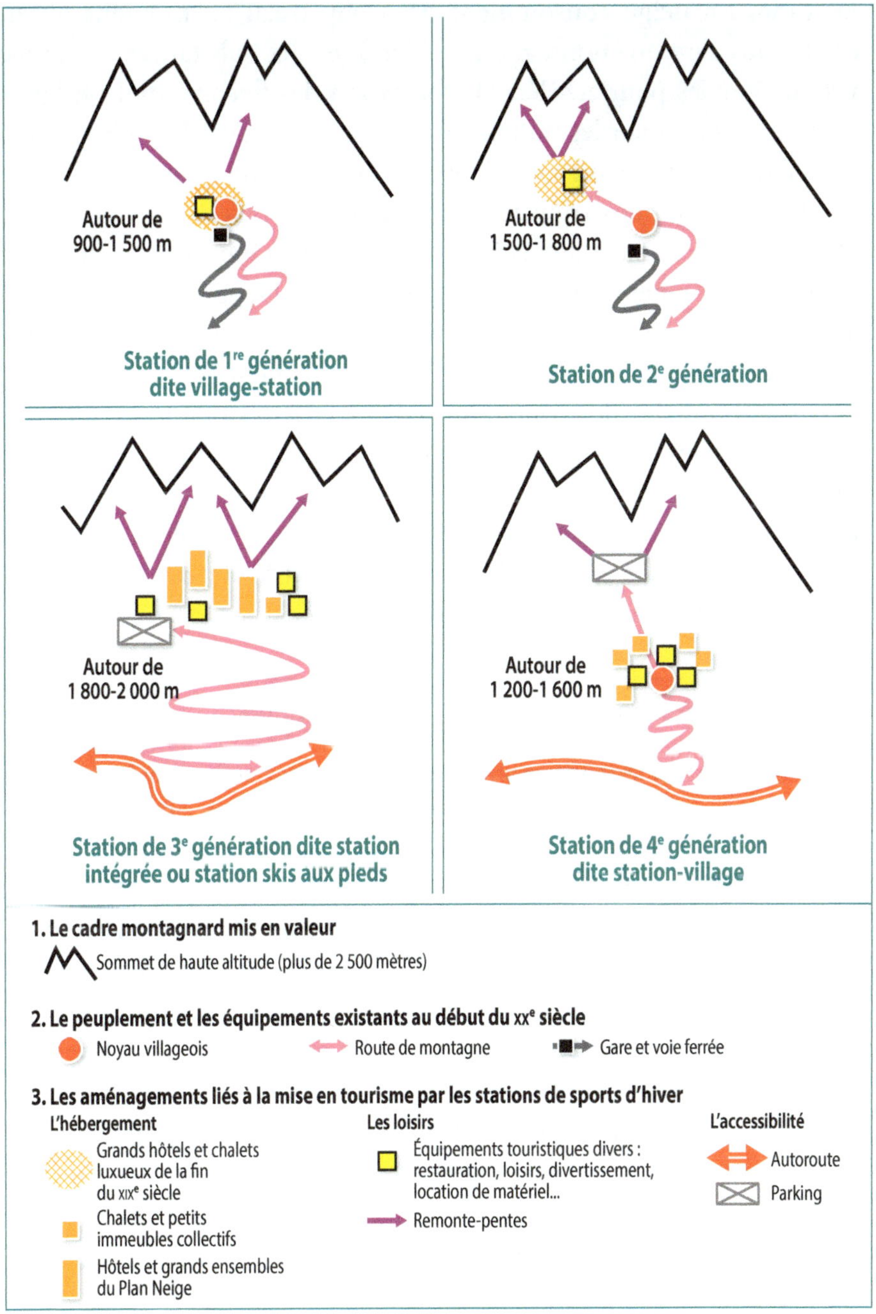

Enfin, il faut noter des enjeux de durabilité environnementale notamment liés au recours de plus en plus systématique aux canons à neige visibles sur la carte par les nombreux réservoirs destinés à les alimenter.

Ils sont utilisés pour compenser la diminution de l'enneigement. Mais les canons à neige consomment beaucoup d'eau au moment où elle est la plus rare en montagne (en hiver), et des substances chimiques y sont ajoutées pour accélérer la formation des flocons dont on ignore les conséquences sur les milieux. À ces enjeux, s'ajoute le problème plus ancien d'érosion des versants déboisés pour créer des pistes.

Une des solutions trouvées pour répondre à la fois à l'évolution des attentes des skieurs et aux enjeux de durabilité a été l'aménagement de stations de 4e génération, dites stations-villages. Depuis les années 1980-1990, l'hébergement en village est recherché des touristes qui apprécient une ambiance plus rurale, des bâtiments plus petits et à l'architecture plus traditionnelle, des coûts plus réduits, et la relative tranquillité qui y règne par rapport aux stations intégrées. Les stations de 4e génération proposent en outre des activités touristiques qui ne sont pas uniquement des sports d'hiver. Cette diversification des activités vers un tourisme vert et/ou culturel conduit à limiter la saisonnalité puisque la fréquentation ne se réduit pas à la période d'enneigement.

Comment commenter les activités touristiques en montagne ?

1. Identifier le **type de tourisme pratiqué** sur le territoire (tourisme de nature, tourisme sportif, tourisme historique et culturel) en repérant les activités proposées sur la carte : chemins de randonnée et refuges, stations de ski, établissement thermal, musée, sports d'été (tirs à l'arc, piscine, tennis, centre équestre).
2. Identifier le **type de clientèle** (famille, seniors, jeunes, plus ou moins fortunés) en repérant les structures d'hébergement : colonie de vacances, hôtels, grands immeubles, campings.
3. Repérer les **évolutions de l'offre touristique** en distinguant les différentes générations de stations de sport d'hiver.
4. Analyser les **enjeux de durabilité** que le tourisme soulève : enjeux socio-économiques et enjeux environnementaux.

L'organisation spatiale des stations de 4e génération correspond à un retour aux altitudes moyennes à proximité des villages existants, à la construction de chalets d'allure traditionnelle, et à la multiplication de l'offre de loisirs. L'accessibilité est essentiellement routière. Le lieu d'hébergement est plus éloigné des pistes. Le domaine skiable est souvent plus éclaté et commun à différentes stations situées en fond de vallée, et reliées entre elles par des liaisons ferroviaires ou routières. Beaucoup moins renommées que les grandes stations alpines, ces stations-villages ont cependant vu leur clientèle croître fortement depuis les années 1990. Ces stations recherchent des labels de durabilité tels que celui de « Station verte », car leur attractivité est moins fondée sur les qualités de leur domaine skiable que sur un éco-tourisme mettant en valeur l'environnement.

3. Patrimonialisation et conflits d'acteurs dans les contextes montagnards

Le caractère exceptionnel des espaces de montagne a permis leur mise en valeur par le tourisme : près de 300 stations de sport d'hiver ont été aménagées, et plus largement un tourisme vert ou de nature s'est développé dans l'ensemble des montagnes métropolitaines et ultramarines. Mais les milieux montagnards ont également fait l'objet d'une patrimonialisation. Il est important de ne pas faire de contresens : même si les acteurs du tourisme et ceux de la protection de l'environnement sont régulièrement en conflit, la mise en tourisme et la préservation des milieux montagnards ont été pensées par les mêmes acteurs – l'État et les collectivités locales –, à la même période – les années 1960-1970 –, dans une logique de complémentarité et non de concurrence. De fait, la beauté des paysages montagnards, la diversité de la faune et la flore et la spécificité des savoir-faire traditionnels sont largement à l'origine de la fréquentation touristique.

3.1 La patrimonialisation des écosystèmes montagnards : périmètres protégés, AOC et loi Montagne

Les toutes premières mesures prises pour la préservation de l'environnement montagnard datent de la fin du XIXe siècle et il s'agit de la loi RTM déjà abordée dans le chapitre 2. La mission de reboisement est aujourd'hui toujours d'actualité, mais davantage qu'aux particuliers, elle est confiée à l'ONF (Office national des forêts).

D'ambitieuses mesures de protection de l'environnement ont été prises au moment où le Plan Neige était lancé avec la création des parcs naturels nationaux. Le premier est celui de la Vanoise, dans les Alpes du

Nord, en 1963. Et aujourd'hui 6 PNN sur les 10 existants protègent des territoires montagnards : les parcs nationaux de la Vanoise, des Écrins et du Mercantour dans les Alpes, des Pyrénées, des Cévennes dans le sud du Massif central, et du parc ultramarin de La Réunion. Les parcs naturels régionaux protègent également des territoires montagnards, mais les PNR de montagne ne sont pas majoritaires.

La protection des massifs a franchi une nouvelle étape avec le vote en 1985 de loi relative au développement et à la protection de la montagne, plus communément appelée loi Montagne. Elle n'est pas visible sur les cartes, mais elle peut être reproduite ou citée dans un document d'appui. La loi Montagne limite l'urbanisation des massifs puisqu'elle n'est autorisée qu'en continuité avec les bourgs et les villages existants. Mais elle confirme également le reboisement et prévoit des aides aux agriculteurs de montagne : aides à l'installation pour les jeunes, aide à la création d'associations foncières pastorales visant à protéger les terrains agricoles et les pâturages. La nouvelle loi Montagne, adoptée en décembre 2016, devrait renforcer ses positions.

Enfin, la préservation des milieux passe également par la labellisation AOC/IGP qui préserve la qualité et l'authenticité des produits mais aussi leurs modes de production, et donc souvent aussi les paysages (*cf.* chapitre 2). L'AOC oignon doux des Cévennes, par exemple, n'est accordé qu'aux produits cultivés en terrasses, ce qui contribue à l'entretien des « traversiers » cévenols (murets de pierre sèche).

3.2 Les conflits d'acteurs sur la carte

La conception coordonnée de l'aménagement touristique et de la préservation environnementale de la montagne n'empêchent pas les conflits. La massification des sports d'hiver dans un contexte de diminution de l'enneigement liée au réchauffement climatique a notamment contribué à tendre les relations entre promoteurs des sports d'hiver, agriculteurs et protecteurs de l'environnement. Un des exemples emblématiques de ces conflits entre acteurs du tourisme et défenseurs de l'environnement est le parc de la Vanoise où les tensions nées en 1968 n'ont jamais vraiment cessé.

Mais les promoteurs touristiques ne sont pas les seuls en conflit avec les protecteurs de l'environnement : les agriculteurs de montagne, et plus particulièrement les éleveurs, se heurtent souvent aux acteurs de la protection de la nature à l'occasion des réintroductions de prédateurs.

Contrairement aux acteurs du tourisme et de l'environnement, ils craignent l'arrivée des animaux qui attaquent les troupeaux : loups dans le Mercantour, ours dans les Pyrénées, lynx dans les Vosges et le Jura.

Exemple : Le PN de la Vanoise, un parc conflictuel

Le parc de la Vanoise est situé entre les vallées de la Tarentaise et la Maurienne dans les Alpes du Nord. La zone périphérique du parc est le plus grand domaine skiable européen : il accueille plus de 17 millions de journées touristiques par an. Il a été, et est encore, le théâtre de conflits d'acteurs.

Un premier conflit oppose les exploitants des stations de ski aux acteurs de la préservation de l'environnement et notamment au parc naturel. Il a débuté en 1968 lorsqu'un promoteur s'est vu refuser, après plus de 2 ans de procédure, l'aménagement d'une annexe de la station Val Thorens sur le glacier de Chavière. Ce glacier, qui se trouve dans le cœur du parc, aurait permis de proposer du ski d'été, mais l'inviolabilité du parc naturel a été confirmée. Aujourd'hui, la limite cœur du parc suit globalement la ligne des 2 000 m, si bien que dans le contexte de diminution de l'enneigement, elle est fortement convoitée par les stations pour leur domaine skiable. D'un côté, les acteurs du PN dénoncent l'encerclement du cœur du parc par les stations de ski et les pressions qu'elles lui font subir. De l'autre, les communes perçoivent comme une confiscation de leurs ressources le classement d'une partie du territoire communal en cœur de parc. Malgré des accalmies, alors que le parc a fêté son 50e anniversaire, les conflits sur ses limites n'ont pas cessé. À tel point que la nouvelle charte du parc, proposée en 2012 à l'issue de 4 ans de concertation, a été jugée trop contraignante par les communes environnantes. Un « appel pour la sauvegarde de la Vanoise » a été lancé et a recueilli plus de 15 000 signatures. Mais la nouvelle charte a été à nouveau rejetée en 2015 par 27 des 29 communes concernées qui vivent à 80 % de l'économie du ski. Si bien que le PN, qui a ainsi perdu son aire d'adhésion optimale, se résumera désormais à sa zone centrale.

Un second conflit oppose les acteurs de la protection de l'environnement aux éleveurs à propos du retour des loups dans le massif. Les loups ont été à l'origine de près de 130 attaques au cours de l'année 2015. À la fin de l'année, des éleveurs savoyards ont séquestré le directeur du parc de la Vanoise jusqu'à obtenir du préfet l'abattage des loups, y compris ceux du cœur du parc normalement protégés par le statut de cette zone.

On peut ainsi identifier sur les cartes des conflits environnementaux qui peuvent se décomposer en :

– *conflit d'usage*, en cas de concurrence autour d'un espace ou d'une ressource. On peut donner l'exemple des alpages convoités à la fois par les bergers pour faire paître leurs bêtes et les promoteurs de stations de sports d'hiver pour y aménager de nouvelles pistes. On peut également citer l'exemple des micro-centrales hydroélectriques installées sur les rivières de montagne qui sont critiquées pour leurs impacts en matière de pêche ;
– *conflit d'accès*, en cas de limitation d'un droit de passage. On peut donner l'exemple des obligations de payer un forfait pour se rendre sur un lieu de loisirs, ou encore de l'interdiction d'accès pour les skieurs aux zones naturelles plus protégées ;
– *conflit d'environnement ou nuisance*. On peut donner l'exemple de l'immeuble de 2 500 lits le « Paquebot des neiges » d'Aime-La Plagne qui a été critiqué parce qu'il dénaturait l'environnement montagnard ;
– *conflit d'aménagement*, en cas de positions opposées à propos d'un projet d'aménagement. On peut donner l'exemple de la liaison ferroviaire à grande vitesse Lyon-Turin qui nécessite le percement de nombreux tunnels dans les Alpes.

Ces conflits ne sont visibles sur les cartes que de manière indirecte. La diversité et la proximité des activités, ainsi que la présence de périmètres protégés permettent dans le commentaire de déduire de probables conflits d'usages.

3.3 Les risques en montagne : nature et mesures

Les espaces montagnards sont enfin des territoires puissamment exposés aux risques naturels, et les aménagements pour les limiter sont parfois visibles sur les cartes.

Les avalanches constituent le principal risque naturel dans les territoires de haute montagne, et il a fait l'objet d'aménagements pour être limité. C'est le risque montagnard le plus fréquent et le plus meurtrier, tout particulièrement pendant la haute saison hivernale et la vulnérabilité des personnes et des aménagements augmente avec l'urbanisation, comme le montre la gravité de l'avalanche de Montroc en 1999. La lutte contre le risque avalancheux passe par différents dispositifs :

- une signalétique affichée dans toutes les stations prévenant les skieurs de l'intensité du risque en fonction des conditions météorologiques ;
- le déclenchement préventif des avalanches lorsqu'elles sont imminentes ;
- l'installation de paravalanches sur les versants très enneigés et très pentus. Ce sont ces derniers qui sont repérables sur les cartes car représentés par de petits segments noirs en forme d'agrafe installés parallèlement à la pente.

FOCUS : Le risque avalancheux devrait diminuer sous l'effet du réchauffement climatique

• Dans le cadre du projet Scampei, des chercheurs européens ont modélisé les évolutions du climat dans les Alpes en fonction de l'altitude, de l'exposition au soleil et de la pente. Et ils prévoient une diminution importante du risque avalancheux.

• En moyenne, le nombre d'avalanches devrait connaître une chute spectaculaire, avec une baisse de 90 % des alertes de « vigilance » émises par Météo France, car la neige plus humide, et donc plus lourde, se tassera plus vite, formant un manteau neigeux plus stable. Seul l'extrême nord des Alpes et notamment le Massif du Mont-Blanc connaîtront encore une activité significative. Mais avec des températures plus élevées, les avalanches prendront la forme de coulées de neige humide, plus lentes et épousant des couloirs d'avalanche déjà connus et souvent protégés par des pare-avalanches.

• Enfin, comme la neige tombera en moins grande quantité à basse altitude, les avalanches se déclencheront à plus haute altitude. Les avalanches se produiront donc plus loin des routes, des équipements et des habitations qu'aujourd'hui, limitant les risques de dégâts matériels et humains. Ce phénomène a déjà été observé au cours des 30 dernières années : les avalanches descendent de moins en moins bas.

Il existe d'autres risques à identifier sur les cartes de montagne. On peut citer les incendies de forêt en été lorsque la végétation est très sèche et le vent violent. Ce risque concerne les massifs méditerranéens comme les Alpes du Sud et la Corse, mais aussi les Hauts de La Réunion. Les mesures contre les feux de forêt qui sont visibles sur les cartes sont le déboisement ponctuel de tranchées coupe-feu ainsi que l'aménagement de routes forestières assurant une bonne accessibilité aux camions de pompiers. On peut également citer le risque de mouvement de terrain lorsque les versants sont déboisés et fortement pentus comme ceux aménagés pour les pistes de ski. Enfin, il existe des risques moins fréquents tels que le risque volcanique (présenté dans le chapitre 1), ou que la rupture de barrage hydroélectrique, mais la seule rupture jamais survenue en France s'est produite en 1959 à Malpasset dès la mise en eau du barrage.

Des mesures spécifiques de lutte contre les risques sont mises en œuvre dans les différents massifs métropolitains et ultramarins, mais au-delà de ces mesures, le dispositif principal de cette lutte contre les risques naturels est l'obligation faite aux communes depuis 1987 d'établir un Plan de prévention des risques (PPR). Le PPR impose, par des servitudes d'utilités publiques (SUP), des règles d'urbanisme plus ou moins contraignantes en fonction des aléas. Les couloirs d'avalanche par exemple sont systématiquement non constructibles.

Cette carte correspond à un extrait du Plan de prévention des risques avalanches de la commune de Chamonix située en Haute-Savoie, dans les Alpes du Nord à environ 1 000 m d'altitude. Elle représente l'intensité variable selon les zones de l'aléa d'avalanches. La légende fait apparaître :
- les zones bâties en gris et en rouge vif ;
- les zones à risque selon leur niveau d'exposition : les zones fortement exposées en violet qui correspondent aux couloirs d'avalanches, les zones moyennement exposées en rouge, les zones faiblement exposées en jaune, et les zones où le risque est nul en blanc.

La légende représente également les mesures prises pour limiter ce risque :
- la mise en place de forêts de protection représentées en vert ;
- la construction de paravalanches représentés par des traits marron.

Ce document est un document officiel et obligatoire à la charge de la mairie. Celui-ci a été réalisé par l'ONF, et plus précisément par le service chargé de la restauration des terrains en montagne hérité de la loi RTM du XIXe siècle.

Figure 5.6 Extrait du PPR de la commune de Chamonix représentant le risque avalancheux (mai 2015)

➤ *Cette carte est un exemple de document d'appui susceptible d'être choisi pour accompagner un extrait de carte de Chamonix.*

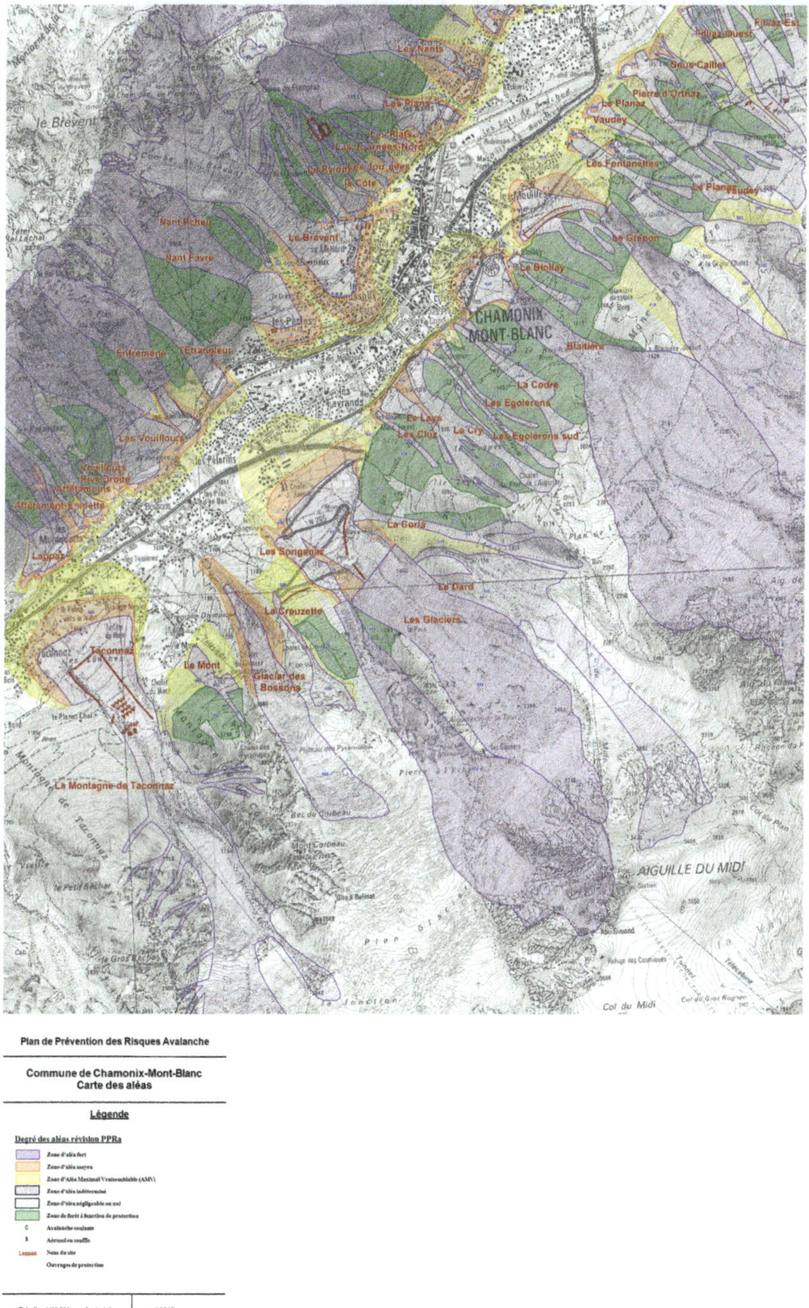

Disponible sur : www.chamonix.fr/index.php/environnement-et-prevention-des-risques/prevention-des-risques/129-les-plans-opposables-ppri-ppra.html

Commenter un espace montagnard : l'exemple de Bourg-Saint-Maurice

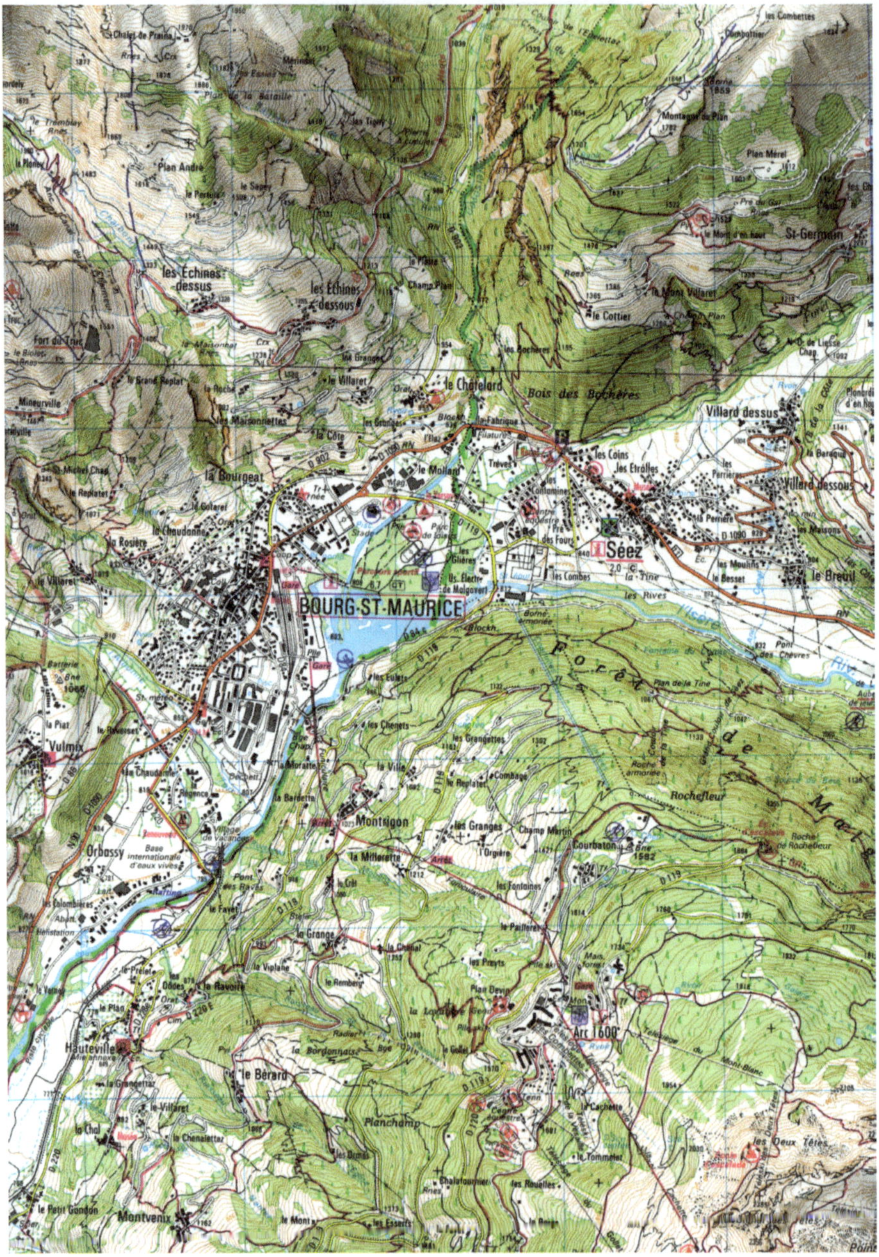

Source : Extrait de la carte IGN au 1/25 000 Les Arcs-La Plagne 3532 ET, 2008.

Localisation

• Il s'agit d'un extrait de la carte au 1/25 000 de La Plagne-Les Arcs centré sur la ville de Bourg-Saint-Maurice située dans les Alpes du Nord, en Savoie, à 50 km d'Albertville et à une trentaine de kilomètres de la frontière italienne. La fonction défensive de la région apparaît avec la présence d'un fort, le Fort du Truc, ainsi qu'avec les limites d'un terrain militaire visibles au nord de Vulmix.

Commentaire du cadre, du peuplement et des activités montagnards

• La ville de Bourg-Saint-Maurice se trouve dans la Tarentaise, qui correspond à la vallée de l'Isère. Elle s'inscrit dans un cadre montagnard caractérisé par une opposition entre un fond de vallée plat et large situé à environ 800 m d'altitude, et des versants raides et pentus atteignant 1 600 m. La largeur de la vallée varie d'environ 1 km à Bourg-Saint-Maurice à moins de 250 m au sud d'Hauteville. Un léger épaulement glaciaire est même visible au niveau de Vulmix où la pente du versant s'adoucit jusqu'à créer un replat. Cette vallée est une auge glaciaire héritée des dernières glaciations du Riss et du Würm. Cela explique les variations de largeur de la vallée : le site de Bourg-Saint-Maurice est un ombilic tandis que celui d'Hauteville un verrou.

• La végétation montre des contrastes entre la vallée urbanisée et défrichée qui correspond à l'étage collinéen, et les versants boisés qui correspondent à l'étage montagnard. On note que l'adret est largement défriché, à l'exception des pentes les plus raides occupées par des feuillus, tandis que l'ubac est surtout couvert d'une forêt de conifères. Cet étagement des milieux a été mis à profit par les sociétés paysannes.

• Des activités agricoles sont visibles sur la carte à la fois dans la vallée et sur les versants. Dans la vallée apparaissent des vergers (probablement des pommiers) vendues à la coopérative de Bourg-Saint-Maurice (près de la gare). On observe aussi des champs de cultures fourragères, qui étaient traditionnellement aussi cultivées sur le bas des pentes et mises à sécher dans les granges comme le suggèrent les toponymes « la Grange », « les Grangettes » ou « l'Orgière ». Il s'agit d'un élevage bovin à lait comme en témoigne la présence d'un abattoir et d'une laiterie à Orbassy. L'élevage pratiqué est extensif et tourné vers la qualité : ce territoire fait partie des AOC et IGP fromagères Beaufort, Emmental et Tomme de Savoie. Les bêtes faisaient traditionnellement la remue, c'est-à-dire qu'elles passaient l'hiver à l'étable dans la vallée, et étaient conduites au printemps sur les alpages d'altitude.

• La carte fait également apparaître des activités de production hydroélectrique : des conduites forcées sont visibles au nord-est de la carte qui créent une chute d'eau permettant d'alimenter les turbines de l'usine de Malgovert. On note de petites unités industrielles autour de la ville comme la filature du Châtelard.

• Mais ces activités sont en recul depuis la mise en tourisme de la région. Deux stations de sports d'hiver sont visibles sur la carte qui correspondent à deux générations différentes. La station de Bourg-Saint-Maurice est située dans la vallée à environ 800 m d'altitude, s'organise autour du noyau villageois, est accessible en train et est reliée au domaine skiable par un funiculaire. Il s'agit d'une station de 1re génération qui date du début du XXe siècle et s'adressait à une clientèle européenne fortunée. La station des Arcs 1 600, au sud-est, montre une organisation spatiale très différente : située à 1 600 m d'altitude, elle est composée de grandes barres d'allure urbaine et est accessible uniquement en voiture. Les immeubles donnent directement sur le domaine skiable comme le montre la proximité entre les téléskis et les bâtiments. L'enneigement des pistes est assuré par les précipitations neigeuses mais aussi par des canons à neige alimentés par le réservoir visible sur la carte. Il s'agit d'une station de 3e génération, construite dans le cadre du Plan Neige dans les années 1960, destinée à une clientèle plus large.

• Mais ces activités de sports d'hiver posent des problèmes de durabilité socio-économiques liés à leur saisonnalité et à la diminution de l'enneigement causée par le réchauffement climatique. D'où la multiplication des activités praticables toute l'année comme les sports de rivière sur l'Isère, les centres équestres, les terrains de tennis, la piscine, les chemins de randonnée, un musée. Cette offre touristique diversifiée s'accompagne d'une offre d'hébergement élargie avec des campings et un village de vacances situés dans la vallée.

Chapitre 6

Décrire et analyser les formes et aménagements littoraux

Objectifs

- Repérer et nommer les formes littorales.
- Identifier les milieux et formations végétales spécifiques des espaces littoraux.
- Rendre compte des logiques de localisation des activités littorales.
- Identifier les aménagements touristiques et portuaires et leurs évolutions.
- Mettre en évidence les conflits entre les usages des espaces littoraux.
- Analyser les enjeux de durabilité auxquels sont confrontés les espaces littoraux.

Comme les territoires de montagne, les espaces littoraux doivent faire l'objet d'une attention particulière dans le commentaire. L'originalité des formes et des milieux littoraux selon les façades maritimes et les dynamiques locales nécessite de maîtriser un vocabulaire spécifique. De plus, certaines côtes ont été largement artificialisées comme les côtes urbanisées, touristiques ou dédiées aux activités industrialo-portuaires. La concentration de population et d'activités en fait alors des territoires convoités où s'exerce une forte pression urbaine et économique entraînant de fréquents conflits d'usage. D'autres espaces littoraux ont au contraire été épargnés et même patrimonialisés. Les cartes littorales présentent ainsi des espaces marqués par d'importants contrastes et des évolutions dont il faut rendre compte dans le commentaire.

Définitions

- **Côte** ou **trait de côte** : ligne de contact entre la terre et la mer.
- **Littoral** : ensemble des espaces marqués par un effet de littoralisation. Il s'agit plutôt d'une zone. Le littoral est donc à comprendre comme une bande de terre de 1 à 30 km fortement influencé par la présence de la mer : du point de vue climatique, hydrographique, topographique, et économique. On parle alors de profondeur du littoral.

1. Les formes et milieux littoraux

Comme pour tous les territoires, le commentaire des espaces littoraux commence par la description des formes topographiques ainsi que des formations végétales et des paysages. Les effets de l'eau de mer, des courants et de la marée, de la houle, des vents marins, etc. conduisent à des reliefs et des milieux originaux qu'il faut décrire précisément et expliquer.

1.1 Les effets de la marée, de la houle et des courants marins

• Les effets de la marée

En Méditerranée, le niveau 0 apparaît sur les cartes avec la courbe altimétrique bistre 0. Mais sur les autres façades maritimes françaises métropolitaines comme ultramarines, le niveau 0 est indiqué par une courbe altimétrique bistre et par une courbe bathymétrique bleue qui ne coïncident pas. Le niveau d'altitude ne change évidemment pas, c'est sa localisation qui varie avec la marée.

La ligne altimétrique correspond à la laisse de haute mer, c'est-à-dire au point le plus haut atteint par la marée. Et la ligne bathymétrique correspond à la laisse de basse mer, c'est-à-dire au point le plus bas atteint par la marée. Entre ces deux lignes s'étend l'estran, c'est-à-dire la partie qui est tantôt immergée tantôt émergée. La largeur de l'estran varie en fonction du relief : plus la pente est faible et plus l'estran est vaste. L'estran peut être sableux : il est représenté sur la carte par des pointillés bleus. Mais il peut aussi être rocheux, on parle alors de platiers : il est dans ce cas représenté sur la carte par des rochers bleus. Enfin, le marnage, c'est-à-dire la différence de hauteur d'eau entre basse et haute mer, est également très variable d'une côte à une autre : le marnage le plus fort d'Europe s'observe dans la Baie du Mont-Saint-Michel où il atteint jusqu'à 12 mètres.

Les courants entraînés par le flux ou le flot – c'est-à-dire la marée montante – et le jusant ou le reflux – c'est-à-dire la marée descendante – sont à l'origine de puissants phénomènes notamment dans les estuaires. La rencontre du flot de marée et du flux d'écoulement d'un fleuve provoque une onde qui remonte le fleuve : le mascaret, qui était une contrainte importante pour la navigation à voile. Autre contrainte pour la navigation, les courants forts que la marée crée notamment en cas de pertuis, c'est-à-dire de passage étroit entre la côte et une île ou entre plusieurs îles. Dans les estuaires, la marée descendante est également à l'origine d'un effet chasse d'eau qui emporte au large les alluvions fluviatiles et limite ainsi la formation de delta.

Mais la marée a aussi des effets sur la végétation estuarienne qui pousse dans ces vasières où l'eau douce devient saumâtre en allant vers l'aval. Apparaît alors en aval la slikke qui est une bande vierge de toute végétation continentale, uniquement recouverte d'algues ou de rares halophytes, parce que recouverte quotidiennement par la marée. Elle apparaît sur la carte avec le figuré de l'estran (pointillés bleus) visible sur les berges des estuaires. Apparaît également en amont le schorre, aussi appelé « herbu », qui est une bande de végétation halophile qui pousse sur l'espace qui n'est recouvert que quelques jours par an pendant les grandes marées. Sur la carte, le schorre est repérable au figuré correspondant à une végétation marécageuse.

Dans les DROM, la formation végétale emblématique de ces espaces amphibies quotidiennement recouverts par la marée est la mangrove, dite mangrove haute, essentiellement constituée de palétuviers (*cf.* chapitre 2). Les espaces qui sont situés en retrait de la côte et ne sont que ponctuellement envahis par l'eau de mer sont couverts d'une mangrove basse, c'est-à-dire constituée d'une végétation herbacée flottante avec des essences tels que le moucou-moucou, les nénuphars, les jacinthes d'eau, les roseaux et les petits balisiers.

Figure 6.1 Un effet de la marée sur les estuaires : la slikke et le schorre

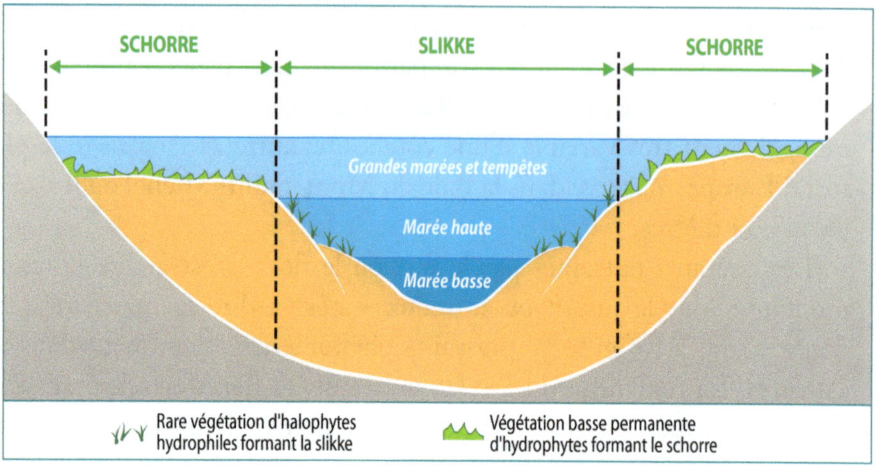

• Les effets de la houle et des courants

Les grands courants océaniques ainsi que la houle, qui désigne la succession des vagues, sont de puissants agents d'érosion par les galets, le sable et les alluvions qu'ils entraînent. Lorsque la côte est basse, ils y accumulent les alluvions, et sont donc à l'origine de phénomènes de remblaiement des baies, anses ou golfes. Lorsque la côte est verticale, les débris rocheux et galets projetés par les vagues font éclater la roche et sape le bas des falaises jusqu'à les faire reculer.

Les grands courants de circulation des masses océaniques et maritimes influencent également les formes et les milieux littoraux. Le plus connu en France métropolitaine est le Gulf Stream qui projette les eaux chaudes des Caraïbes jusqu'en Atlantique nord. Il circule du sud au nord. À l'échelle de la côte méditerranéenne, on observe un courant dominant qui circule d'est en ouest de la mer Tyrrhénienne à Gibraltar, et redistribue les alluvions du Rhône sur le littoral languedocien.

Sur le littoral guyanais, le courant océanique dominant est un courant qui circule d'est en ouest et transporte vers la Guyane les gigantesques bancs de vase constitués par les alluvions de l'Amazone : ils mesurent de 40 à 60 km de long, de 10 à 20 km de large, et ont une épaisseur d'environ 5 m. Ils se constituent au niveau du delta de l'Amazone de manière saisonnière et se déplacent d'environ 1 km par an en suivant les côtes. Ces bancs jouent un rôle d'amortisseur de la houle : ils forment une surface lisse sur la mer et permettent à la végétation de coloniser les vases côtières. Inversement, l'érosion est maximale dans les espaces côtiers situés entre deux bancs. Cette instabilité des côtes guyanaises apparaît sur les cartes puisque le trait de côte des années précédentes est indiqué en bleu.

Les formes des côtes se répartissent entre côtes rocheuses peu accessibles mais présentant souvent des bas-fonds d'importantes profondeurs, et côtes d'accumulation accessibles mais présentant souvent de hauts-fonds c'est-à-dire de faibles profondeurs. Après avoir précisé s'il s'agit de côte rocheuse ou d'accumulation, il faut en décrire précisément les formes de relief spécifiques.

1.2 Les côtes rocheuses

• Les côtes à falaises

Les côtes rocheuses peuvent correspondre à des falaises, c'est-à-dire à un talus abrupt en front de mer. Sur les cartes, les falaises sont plus ou moins visibles : le talus peut avoir un commandement plus ou moins ample (d'une dizaine de mètres à plusieurs centaines) et la pente peut être plus ou moins forte. Lorsque la falaise forme une paroi verticale, elle est indiquée sur la carte par une simple ligne entre l'estran et la terre, ce n'est qu'en observant l'altitude que l'on se rend compte du dénivelé.

On distingue les falaises vives des falaises mortes. Les falaises vives sont les falaises dont la base est léchée par la mer. Elle subit un processus érosif qui la fait progressivement reculer sous l'action des vagues et de la marée. Sur les cartes, les falaises vives sont facilement repérables car l'estran touche le talus. En revanche, les falaises mortes ne sont plus atteintes par la mer. Leur base correspond à un espace toujours émergé. Sur les cartes, l'estran est séparé de la falaise par une bande de terre. La bande de terre qui sépare l'estran du pied de la falaise est appelée bas-champs ou marquenterre. Les côtes à falaise sont souvent précédées de platiers qui correspondent aux blocs rocheux détachés des falaises par l'érosion maritime.

Enfin les falaises peuvent être marquées par des valleuses. Les valleuses sont des vallées sèches suspendues dont l'existence s'explique par un recul de la falaise plus rapide que l'érosion fluviatile. On en rencontre de nombreuses sur la côte normande, et elles sont parfois repérables aux villages qui y sont installés. En effet, les sites de valleuse sont à la fois abrités du vent et permettent un accès plus facile à la mer.

• **Côtes rocheuses à aber**

Les côtes rocheuses à calanques, ria ou aber correspondent souvent à un arrière-pays montagneux. Les 3 termes sont synonymes : le 1er est provençal, le 2e basque et le 3e breton, mais ils désignent tous les côtes où la mer pénètre dans une vallée encaissée. Ce relief de baies qui s'enfoncent profondément à l'intérieur des terres correspond à l'ennoiement de montagnes littorales lors de la montée du niveau de la mer après la dernière glaciation.

1.3 Les côtes d'accumulation

Il s'agit de côtes remblayées par l'accumulation d'alluvions par les courants marins, les marées, et la houle. Elles correspondent le plus souvent à un arrière-pays bas et plat. Différentes formes sont à identifier.

On parle de côte à lido lorsque l'accumulation de sable ou de vase qui régularise la côte, créant ainsi un cordon littoral, c'est-à-dire une bande sableuse, derrière lequel se forment parfois des étangs. Lorsqu'ils sont nombreux on parle de côte à lagune. Les étangs abondamment alimentés par les rivières et qui ne communiquent peu ou pas avec la mer sont des étendues d'eau douce, comme c'est le cas sur la côte landaise. Mais leur salinité augmente lorsqu'ils sont faiblement alimentés en eau douce et qu'ils communiquent largement avec la mer par des brèches dans le cordon littoral que l'on appelle les graus. Plus le processus d'évaporation est intense, plus la salinité est prononcée, ce qui permet de produire du sel comme dans les étangs du littoral languedocien. Le commentaire doit alors analyser les dynamiques hydrologiques, c'est-à-dire repérer grâce à la végétation, la configuration des étangs et les aménagements la salinité des étangs.

Le cordon littoral peut aussi rattacher une île au continent : on parle alors de tombolo, voire de tombolo double lorsque l'île est rattachée par 2 flèches de sable. L'espace compris entre les deux bras du tombolo double est alors souvent marécageux.

Certaines côtes d'accumulation exposées à la marée présentent des formes particulières : un poulier et un musoir. Le poulier désigne une flèche littorale dont l'extrémité est légèrement rentrante, et le musoir est la partie de la côte faisant face au poulier et qui est, elle, en creux. Cette morphologie est liée à l'accélération des courants côtiers avec la marée.

Figure 6.2 Le tombolo double de l'île de Giens

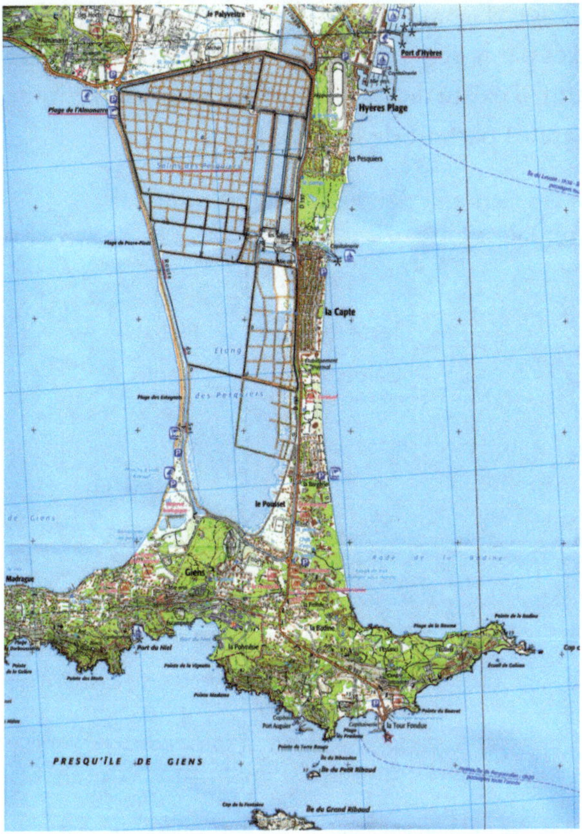

Source : Extrait de la carte IGN au 1/25 000 Hyères, Île de Porquerolles 3446 OT, 2016.

L'île de Giens se trouve en Méditerranée au large de la Côte d'Azur à l'est de la rade de Toulon. Il s'agit d'un îlot rocheux visible au sud de l'extrait proposé. Mais ce n'est plus aujourd'hui qu'une presqu'île reliée à la côte par 2 cordons sableux. Un cordon très mince à l'ouest emprunté par la route, et un cordon plus large, urbanisé et largement couvert de végétation. Entre les deux, de vastes étangs dont les plus septentrionaux sont quadrillés de digues créant les bassins nécessaires à la production de sel.

Enfin, les côtes d'accumulation présentent parfois des dunes voire des massifs dunaires. La plus grande dune française, et la plus haute d'Europe, est la dune du Pyla dans les Landes qui s'élève à 114 m de haut, pour 3 km de long et 500 m de large. Les dunes littorales présentent différentes formes qu'il faut identifier. Le plus souvent, pour les dunes en forme de croissant ou de demi-lune, plus larges que longs, on parle alors de barkhanes. La régularité de la forme s'explique par le vent qui souffle le plus souvent dans la même direction, et par la végétation qui stabilise la dune à ses extrémités (le plus souvent des oyats) et donc en bloque l'avancée. Mais il existe aussi des dunes basses et relativement linéaires : il s'agit d'avant-dunes, c'est-à-dire des bourrelets sableux plus ou moins fixés par la végétation, parallèles au trait de côte et solidaire de la plage. Enfin, il existe des dunes en étoile, appelées ghourd, visibles car au moins 3 arêtes partent de leur sommet.

Figure 6.3 Schéma des formes de tombolo, et de poulier et musoir

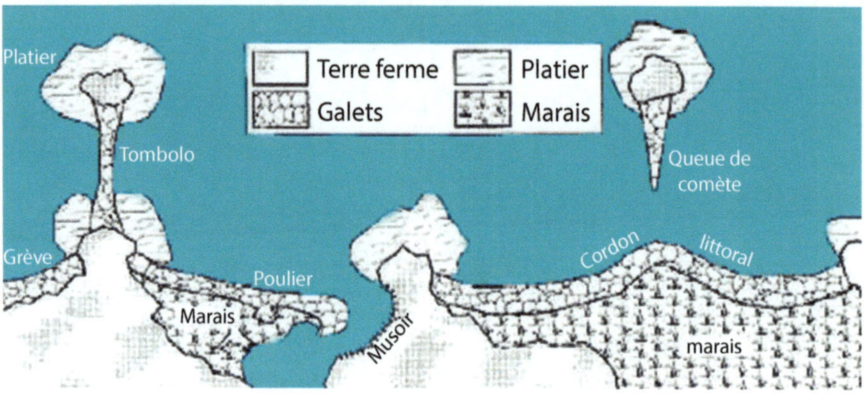

Source : http://geoconfluences.ens-lyon.fr/, d'après J.-P. Pinot, 1998.

Comment commenter les formes littorales ?

1. Identifier à petite échelle s'il s'agit d'une **côte rocheuse** ou d'une **côte d'accumulation**. Parfois sur un même extrait, on peut trouver les deux. Dans ce cas, repérer et localiser les épisodes rocheux et les épisodes d'accumulation.
2. Identifier l'**estran**; s'il s'agit d'une côte affectée par la marée : en donner la composition (sable ou platiers) et en indiquer la largeur.
3. Ensuite à grande échelle, repérer les **formes littorales spécifiques** : falaises mortes ou vives, abers, platiers, tombolos, pouliers, musoirs, marais, mangroves, etc. Et les expliquer rapidement.
4. Commenter les **formations végétales spécifiques**.
5. Enfin, analyser les **contraintes et** les **atouts du cadre littoral** pour sa mise en valeur par les sociétés.

2. La mise en valeur des littoraux

2.1 L'exploitation des ressources de la mer

Plusieurs activités impriment une forte marque paysagère dans les espaces littoraux, et en particulier sur l'estran. Dans tous les cas, il faut insister sur l'investissement de l'estran par ces activités, et sur le caractère construit des paysages, souvent très anciennement développés.

• La saliculture

La saliculture, c'est-à-dire la production de sel de mer, est à l'origine de « paysages du sel » qui représentent aujourd'hui davantage un atout pour le tourisme qu'une source de revenus. Le principe de la saliculture est l'évaporation progressive de l'eau de mer dans des bassins, puis la cristallisation du sel qui est ensuite récolté. Il s'agit d'une activité saisonnière. Au début du printemps, l'eau de mer est conduite jusqu'aux casiers par un canal nommé étier ou capte selon les régions. L'eau salée arrive jusqu'aux salins ou marais salants, et elle circule ensuite par gravité à travers des casiers appelés œillets ou tables saunantes. L'eau s'évapore progressivement sous l'effet du soleil et du vent, la concentration de sel augmente, et le sel cristallise dans les cristallisoirs, c'est-à-dire les derniers bassins. Les cristaux de sel sont ratissés à la fin de l'été par les ouvriers du sel appelés paludiers ou sauniers, et donnent la fleur de sel et le gros sel. La production de qualité de certains sels comme à Guérande est distinguée par un Label rouge et une IGP.

Figure 6.4 Les marais salants de l'Île de Ré

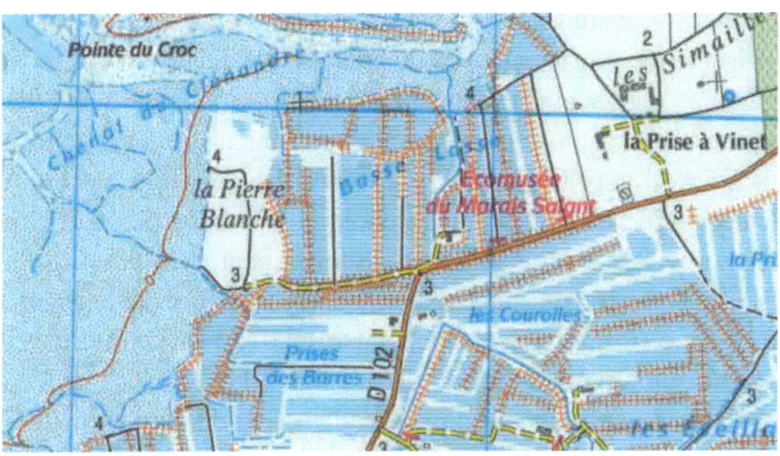

Source : Extrait de la carte IGN au 1/25 000 1329 OT, 2003.

Où se trouvent les marais salants ?

Les marais salants se trouvent sur les côtes d'accumulation humides :
– les côtes à vasières de la façade atlantique : à Guérande, à proximité des îles de Noirmoutier, Ré et Oléron ;
– les côtes à lagune de la façade méditerranéenne : salins de l'Aude, salins d'Aigues, et Salins-de-Giraud en Camargue.
Attention ! Ne pas confondre avec la production de sel-gemme ou sel de terre dans le nord-est autour de Nancy, extrait par injection d'eau. Le sel est utilisé dans l'alimentation, mais aussi dans l'industrie chimique.

• Les polders

Certaines côtes basses sont aménagées sous forme de polders, c'est-à-dire que des étendues de terre sont gagnées sur l'eau. La poldérisation nécessite de longs aménagements :

- une digue, représentée comme une levée de terre par une ligne bistre hachurée, est d'abord construite qui entoure une partie du marais maritime ;
- puis l'eau saumâtre est évacuée, autrefois grâce à des moulins à vent, aujourd'hui grâce à des pompes ou des éoliennes ;
- mais comme l'espace reste humide car les fleuves côtiers continuent de s'y déverser, il faut constamment assécher le polder par des canaux de drainage, qui guident l'eau douce jusqu'à un chenal communiquant avec la mer par une écluse.

On obtient alors des espaces plans, d'altitude très basse, parfois même inférieure au niveau de la mer : elles sont alors notées en négatif sur la carte. Les terres ainsi gagnées sur la mer sont dénommées polder, renclôture ou prise selon les régions.

Il existe différentes générations de polders. Certains ont été développés dès le Moyen Âge, souvent sous influence des ordres monastiques : le réseau de canaux est alors dense, les mailles sont irrégulières, et ils sont situés près de la terre. Les polders plus récents se trouvent près de la mer et se distinguent par une meilleure maîtrise technique et de vastes parcelles géométriques. Le paysage littoral s'est ainsi profondément transformé au fil des siècles, d'où l'intérêt d'une analyse diachronique permise par la comparaison avec une carte ancienne, comme une carte d'état-major du XIXe siècle, ou une carte de Cassini du XVIIIe siècle. L'Anse de l'Aiguillon en Vendée a été progressivement conquise par des digues successives entre 1655 et 1965, ce qui est d'ailleurs à l'origine de risques majeurs (on y reviendra).

Figure 6.5 Les polders de la baie du Mont-Saint-Michel

Source : Extrait de la carte IGN au 1/25 000 1215 OT, 2000.

Sur cet extrait, on identifie un vaste polder donnant directement sur l'estran. 3 digues est-ouest sont visibles : celle qui protège le polder Frémont, plus au sud celle qui protège le polder Desnoyers, plus au sud encore celle qui protège le polder Andró. Les altitudes indiquées varient entre 7 et 10 m, ce qui est inférieur au marnage dans la Baie (qui atteint 10 à 12 m).

Aujourd'hui, on trouve sur ces polders une agriculture sous forme de champs ouverts, très intensive, organisée autour de grosses fermes comme les 3 visibles sur l'extrait. Le paysage est ici un facteur de valorisation touristique, avec la mention d'un chemin de randonnée sur la digue extérieure. Au-delà de celle-ci se trouvent « les herbus », qui correspondent au schorre, utilisé comme pâturage pour les agneaux de pré-salé, une production labellisée.

Où sont les polders en France ?

On les trouve surtout sur les côtes humides de l'ouest :

– dans l'estuaire de la Gironde ;
– sur les îles de l'Atlantique : Oléron, Ré, Noirmoutier ;
– dans l'Anse de l'Aiguillon ;
– dans le pays de Retz ;
– autour de Guérande ;
– dans la Baie du Mont-Saint-Michel ;
– dans la Baie de Somme.

Attention ! Ne pas confondre les polders avec les terre-pleins des littoraux portuaires et industriels, ni avec les marais drainés par une multitude de petits canaux que l'on trouve dans presque tous les espaces humides. On en rencontre en Flandre maritime autour de Dunkerque où les canaux sont appelés *watergang*, ou encore près de Béziers, autour de l'étang de Montady asséché au Moyen Âge par des canaux disposés en rayons de cercle.

• La conchyliculture

La conchyliculture désigne l'élevage des coquillages. Les activités les plus pratiquées sont la mytiliculture pour l'élevage des moules, et l'ostréiculture pour celui des huîtres. La conchyliculture est surtout pratiquée sur les littoraux de l'Atlantique et de la Manche, et elle est repérable aux aménagements mentionnés sur les cartes.

Les naissains, c'est-à-dire les larves, sont captés et fixés sur des pieux de bois plantés dans l'estran vaseux que l'on appelle les bouchots pour les moules, et sur dans des casiers que l'on appelle les parcs à huîtres pour l'ostréiculture. Les parcs à huîtres sont mentionnés ou simplement figurés par un alignement de petits traits noirs parallèles. Arrivées à maturité, les huîtres sont affinées dans de petits bassins, les claires, auprès desquelles sont parfois notées des cabanes d'ostréiculteurs. La conchyliculture est soumise à de stricts contrôles sanitaires, car les coquillages peuvent être contaminés par des toxines présentes dans les eaux polluées.

D'autres formes d'aquaculture existent, comme la pisciculture, qui consiste à élever des poissons dans des étangs fermés, mais alimentés par l'eau de mer.

• Des pratiques cynégétiques

Il faut pour finir mentionner la pratique de la chasse d'oiseaux sur les littoraux humides, repérables à la présence sur l'estran de cabanes sur pilotis, comme les cabanes tchanquées de la Gironde, ou les huttes des Mollières de la Baie de Somme. Mais la chasse aux oiseaux est fortement réglementée, d'autant qu'une grande partie des littoraux humides est protégée par des périmètres Ramsar, Natura 2000 ou des parcs naturels nationaux ou régionaux.

2.2 La mise en tourisme des littoraux

FOCUS : La notion de mise en tourisme

- La notion de mise en tourisme suppose qu'aucun lieu n'est en soi touristique. Les espaces touristiques sont des espaces socialement construits, dont les aménités sont valorisées par l'activité touristique. Comme on l'a vu pour le tourisme montagnard, les représentations des espaces sont évolutives. Les littoraux, comme la montagne, ont fait l'objet d'un retournement imaginaire. Les littoraux ont longtemps été considérés comme des espaces hostiles ou dangereux, ce qui explique le choix de sites des villes et villages dans l'arrière-pays, perchés, ou sur des sites côtiers défensifs. En Méditerranée, les villes et villages côtiers étaient exposés aux razzias des Barbaresques, et certains littoraux humides étaient touchés par le paludisme.
- Différents facteurs contribuent à une image plus attractive du littoral à partir du XVIIIe siècle, comme l'explique l'historien des représentations Alain Corbin dans son ouvrage *Le territoire du vide : l'Occident et le désir de rivage* (1990). Un « *désir de rivage* » se développe notamment sous l'effet du romantisme ou de la lecture des classiques romains par les élites aristocratiques européennes. Celles-ci attribuent également à l'air marin des vertus thérapeutiques, ce qui favorise le climatisme, c'est-à-dire le développement des activités touristiques liées au climat. Ainsi, quel que soit l'espace touristique concerné, l'imaginaire touristique constitue un moteur essentiel de la mise en tourisme.

• Les stations balnéaires du XIXe siècle

Il existe différentes générations d'aménagement touristique des littoraux français. Le tourisme se développe en premier lieu sur la Côte d'Azur dès la fin du XVIIIe siècle, dont le nom est d'ailleurs «inventé» au sens propre par les Britanniques pour qui la région devient une étape dans la pratique du Grand Tour de la jeunesse aristocratique anglaise. Les touristes y sont attirés, en hiver, par la douceur du climat. Par la suite, ce type de tourisme se développe sous l'influence de grandes figures de l'aristocratie et des familles royales, avec par exemple les séjours de l'impératrice Eugénie à Biarritz, puis se généralise aux classes aisées et devient estival. Ainsi naît une première génération de stations balnéaires telles que les stations normandes comme Cabourg ou Deauville, proches de Paris. Elles portent fréquemment des noms terminant en «-plage» ou «-les-Bains». Ces stations peuvent être à l'origine du nom des «côtes» telles que la Côte d'Azur, la Côte Fleurie, mentionnées sur les cartes, et qui sont des appellations touristiques.

Figure 6.6 Deauville, un exemple de station balnéaire du XIXe siècle

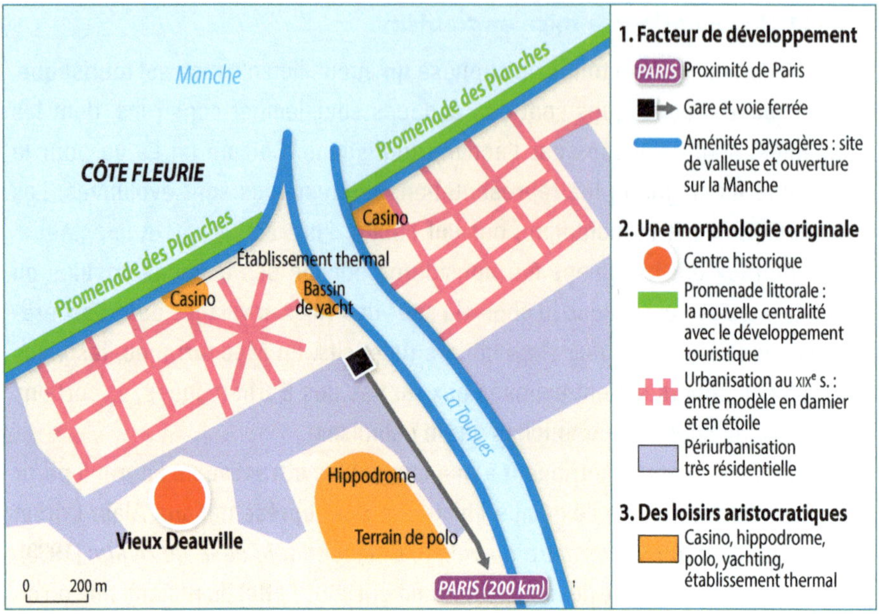

Il est aisé d'identifier ces stations balnéaires du XIXe siècle dont Deauville est pratiquement un archétype. Elles sont généralement desservies par les chemins de fer qui ont permis leur développement, et greffées sur un centre villageois ou urbain existant. Si bien que l'on observe un dédoublement entre le village et la station balnéaire et un basculement vers une nouvelle centralité littorale, comme entre Lacanau et Lacanau-Océan sur la côte landaise.

Leur morphologie se distingue du centre ancien : en arrière de la promenade du front de mer comme la Promenade des Anglais à Nice ou la Promenade des Planches à Deauville, la trame viaire est structurée en damier, en étoile, ou selon un modèle radioconcentrique. La vocation de ces stations est à la fois sanitaire avec des établissements de thalassothérapie, et récréative avec des loisirs aristocratiques : casino, théâtre, hippodrome et des établissements hôteliers de luxe, comme l'hôtel du Palais à Biarritz ou le Negresco à Nice.

Certaines de ces stations du XIXe siècle ont développé des activités nouvelles comme le surf sur la côte basque, ou des événements culturels comme le festival du film américain à Deauville ou le festival de Cannes.

Où se trouvent les principales stations balnéaires du XIXe siècle ?

- Sur la Côte d'Azur : Menton, Monaco, Nice, Saint-Tropez.
- En Corse : Ajaccio.
- Sur le littoral languedocien : Banyuls dans les Pyrénées-Orientales.
- Sur la côte basque et la côte landaise : Saint-Jean-de-Luz, Biarritz, Arcachon.
- Sur la côte atlantique : Les-Sables-d'Olonne en Vendée, Pornic et la Baule en Loire-Atlantique, Dinard et Dinan en Bretagne.
- Sur la Manche et la côte normande : Granville dans le Cotentin, Cabourg, Deauville, Dieppe, Le Touquet, Bray-Dunes.
- Certaines stations balnéaires ou thermales du XIXe siècle se trouvent à l'intérieur des terres, comme Aix-les-Bains sur le lac du Bourget, Vittel dans les Vosges, Vichy dans l'Allier, Digne-les-Bains dans les Alpes du Sud.

• Les stations balnéaires des années 1960

La pratique du tourisme se démocratise avec l'instauration des congés payés en 1936, et surtout avec les Trente Glorieuses. En arrivant progressivement à un tourisme de masse, les logiques de localisation évoluent. L'essor de l'équipement automobile favorise l'accessibilité routière et de nouvelles stations balnéaires apparaissent dans le cadre de grandes opérations. Celles-ci doivent être replacées dans la logique de l'aménagement du territoire des années 1950-1960 qui vise à un rééquilibrage volontariste du territoire. Or les littoraux languedocien et landais, sous-industrialisés et peu urbanisés font partie des territoires jugés en retard et sur lesquels ont été conduits de vastes programmes comparables au Plan Neige (*cf.* chapitre 5).

La Mission interministérielle d'aménagement touristique du littoral du Languedoc-Roussillon, mieux connue sous le nom de mission Racine du nom de son maître d'œuvre, est lancée en 1963. L'État cherche à tirer profit des vastes plages languedociennes et de la situation de passage de la région pour capter les flux touristiques dirigés depuis l'Europe du Nord vers la Costa del Sol en Espagne. Dans cette perspective, l'accessibilité est améliorée grâce à la construction d'une autoroute, et l'accueil touristique est étoffé en créant 7 stations balnéaires. On cherche également, par ce biais, à désengorger la Côte d'Azur, et à compenser la crise viticole languedocienne. La même logique de développement de la fréquentation touristique anime la MIACA (Mission interministérielle d'aménagement de la côte aquitaine) à partir de 1967, en Gironde et dans les Landes, avec une amélioration de l'équipement et des services surtout autour du bassin d'Arcachon. Les préoccupations environnementales y sont cependant plus marquées que dans le Languedoc puisque le PNR des Landes de Gascogne est créé au même moment. Et une attention particulière est accordée au tourisme des plus modestes : de nombreux campings et villages de vacances sont construits. 30 000 lits d'un camping de qualité propre dans des sites boisés et dunaires sont créés en 1976 et 1980.

Les stations balnéaires sont des stations intégrées ou « stations pieds dans l'eau » construites sur le même modèle : toutes les fonctions sont rassemblées dans un espace restreint. La station est aménagée souvent ex nihilo comme dans le cas de la Grande-Motte, ou d'un centre-modeste comme à Gruissan. Le littoral est alors largement artificialisé :

- le territoire est démoustiqué ;
- le trait de côte régularisé, stabilisé et interrompu de brise-lames pour permettre une baignade familiale ;
- des équipements récréatifs sont installés ;
- de grands ensembles d'hébergements sont construits directement en front de mer permettant de passer facilement du logement à la plage.

Enfin, dans les années 1980, ces stations ont souvent été complétées par l'aménagement d'un port de plaisance sur lequel donnent directement les logements, c'est-à-dire une marina. Pour finir, la bonne accessibilité routière est la condition préalable du développement touristique.

La Grande-Motte fournit un exemple représentatif de station intégrée. La station est créée *ex nihilo* comme cela apparaît en comparant l'extrait avec une carte d'une édition ancienne, précédant l'aménagement : on ne trouve en 1950 qu'un petit vignoble et des marécages. La desserte est nettement améliorée entre les 2 dates, avec un échangeur connecté à l'autoroute A9 qui parcourt toute la plaine languedocienne. Le site littoral, avec sa côte à lido et la présence de l'étang de Mauguio en arrière du cordon sableux, présente des aménités.

Mais la mise en tourisme a exigé une profonde transformation de ce littoral : drainage ou assèchement des marais, démoustication, canalisation du grau pour faciliter la navigation. Et le développement de la station elle-même a fortement artificialisé le littoral. Les logements collectifs sont nettement repérables au sud de la carte. Sur une photographie, on pourrait noter la forme pyramidale que leur a donnée l'architecte renommé à l'époque J. Balladur. Côté étang, on relève une urbanisation sous forme de logements individuels organisés en lotissements, ainsi que des campings et des villages de vacances.

On note enfin l'omniprésence des loisirs : plages surveillées, port de plaisance, golf, loisirs nautiques, casino et thalassothérapie (à ne pas confondre avec les stations du XIXe siècle). Le faible nombre de structures scolaires, le décalage entre le faible nombre d'habitants indiqué et l'ampleur du bâti indique une fréquentation saisonnière. La présence de statistiques INSEE le confirmerait d'ailleurs, avec une proportion de résidences secondaires qui dépasse 70 % en 2012.

Figure 6.7 La Grande-Motte, station intégrée du littoral languedocien (1950-2015)

La Grande-Motte en 1950

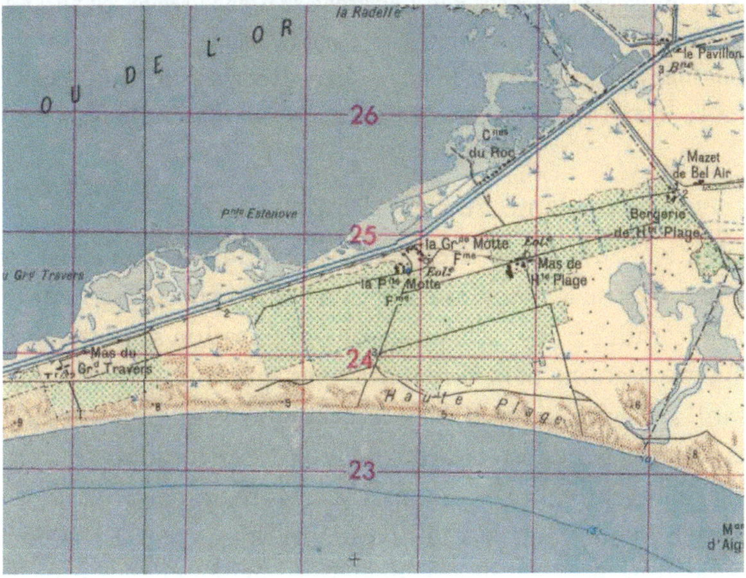

Source : Extrait des cartes IGN au 1/50 000 2843 et 2844, 1951.

La Grande-Motte aujourd'hui

Source : Extrait de la carte IGN au 1/25 000 Aigues-Mortes–La Grande-Motte 2843 OT, 2008.

Quelles sont les stations balnéaires intégrées des années 1960 ?

- Sur la côte languedocienne : Port-Camargue, la Grande-Motte, le Cap d'Agde, Gruissan, Port Leucate, Port Barcarès et Saint-Cyprien.
- Sur la côte landaise : Grayan, Hourtin, Carcans Lacanau, Le Porge, Lège-Cap-Ferret, La Teste, Lit et Mixe, Vielle St Girons, Labenne, Ondres, Tarnos.

• La mise en tourisme de la Bretagne

Au-delà de la côte landaise et des stations du XIXe siècle, la côte atlantique française a connu une mise en tourisme relativement tardive et qui se traduit sur les cartes par une organisation spatiale différente de celle des stations balnéaires intégrées que l'on vient de présenter. Pourtant aujourd'hui, la Bretagne accueille 9 millions de touristes par an surtout pendant l'été (85 % de la fréquentation se concentre entre avril et septembre). C'est même la 4e région pour le nombre de touristes annuels. Mais il a fallu attendre les années 1970 pour que le littoral breton, notamment, devienne réellement un espace touristique. La température de l'eau, la forte pluviométrie et la force de la houle limitent sa vocation balnéaire, et c'est notamment grâce au succès de l'école de voile des Glénans, créée en 1949, que les touristes affluent sur les côtes bretonnes pour pratiquer la voile et les sports nautiques.

Cependant, ce tourisme marque le territoire de manière plus diffuse et est donc moins visible immédiatement sur les cartes. En effet, le tourisme breton est largement un tourisme de villégiature, c'est-à-dire que les touristes venus de Rennes, d'Île-de-France ou d'Europe du Nord se logent majoritairement dans leurs résidences secondaires ou celles de leurs proches qui représentent 1,1 million de lits touristiques sur un total de 1,5 million. Ce tourisme affectif ou affinitaire n'est pas fondé sur une offre de structures d'accueil abondante ni diversifiée, mais plutôt sur des habitudes ou un patrimoine familial, si bien qu'en dépit d'une fréquentation forte, on ne compte pas plus de 50 000 emplois liés au tourisme. Sur les cartes, ce sont donc plutôt les activités touristiques que les infrastructures d'hébergement qui sont repérables.

FOCUS : Les littoraux touristiques de l'Ouest de plus en plus concernés par l'habiter polytopique

• Le concept d'habiter polytopique développé par M. Stock [2005] permet de décrire des combinaisons de modes d'habiter de plus en plus nombreuses. Il est notamment possible par exemple de partager son temps entre une résidence proche du lieu de travail situé dans une grande agglomération urbaine (région parisienne), et une résidence secondaire située dans un lieu touristique dans laquelle on peut effectuer aussi des temps de travail individuel.

• Et l'arbitrage qui se faisait auparavant, face au problème de la distance, entre habiter un lieu de travail non choisi et se déplacer en fin de semaine ou pour les congés vers un lieu touristique choisi, n'est plus aussi nécessaire. La proximité relative entre certains lieux touristiques et les agglomérations urbaines de travail s'est réduite de telle sorte qu'il est devenu possible d'habiter en permanence les lieux des vacances.

• Le cas particulier de l'Outre-mer

Outre-mer, la mise en tourisme s'est faite selon des modalités différentes. L'insularité et l'éloignement de la métropole de la Guadeloupe et la Martinique dans les Antilles, et de La Réunion et Mayotte dans l'océan Indien, conduisent à un certain enclavement. Les DROM souffrent aussi de la concurrence d'îles touristiques proches telles que Maurice dans l'océan Indien, ou Porto-Rico et la Dominique dans les Caraïbes : le coût de la main-d'œuvre y est plus faible, ce qui permet des tarifs plus attractifs. Le développement du tourisme ne date donc que des années 1980 et constitue le dernier des cycles économiques successifs de l'Outre-mer qui a été encouragé par des dispositifs fiscaux avantageux pour attirer les investissements (loi Girardin). Pourtant le potentiel touristique est important : aménités paysagères, possible fréquentation de contre-saison en raison de l'inversion saisonnière dans l'hémisphère sud, plages de sable, insularité et environnement tropical comme support de l'imaginaire touristique. La crise et le recul des activités agricoles font du tourisme un secteur essentiel de l'économie d'Outre-mer.

Sur les cartes, les espaces touristiques se situent surtout sur la côte sous-le-vent. Ils sont associés à une urbanisation très résidentielle : on parle de secteurs résidentialo-touristiques qui constituent une forme de ségrégation socio-spatiale et fonctionnelle. Ce tourisme est très majoritairement balnéaire, d'où sa forte concentration littorale. Ponctuellement le tourisme sportif, comme la pratique de la randonnée ou de sports extrêmes, peut favoriser des excursions à l'intérieur de l'île. C'est le cas à La Réunion dont les pitons, les cirques et les remparts ont été classés en 2012 au Patrimoine mondial de l'UNESCO. La mise en valeur touristique de Mayotte, récemment départementalisée en 2011, est plus récente et plus modeste.

Comment analyser le tourisme littoral ?

1. Identifier le **type de tourisme pratiqué** grâce aux **équipements** présents sur la carte :
– Quelles activités : nautiques, balnéaires, sportives, sanitaires, de découverte de l'environnement... ?
– Quels types d'hébergement : grands ensembles de logements, hôtels, campings, villages vacances... ?
– Quelle clientèle : familles, jeunes sportifs, clientèle aisée ?
– De quelle époque ou génération datent ces équipements ?

2. Repérer les **grandes logiques spatiales de l'implantation touristique**. Quelles grandes différenciations spatiales : contrastes littoral/intérieur, plage/côte rocheuses, au vent/sous le vent, ou au contraire une activité plus diffuse ?

3. Rendre compte des **facteurs de la mise en tourisme** : grand projet d'aménagement, accessibilité, aménités paysagères, climatiques, représentations et imaginaire.

4. Analyser les **enjeux socio-économiques et environnementaux** : saisonnalité, économie présentielle, ségrégation socio-spatiale, pression foncière et immobilière, artificialisation des espaces voire dégradations environnementales liées à la surfréquentation, conflits d'usage.

2.3 Les aménagements portuaires industriels : empreinte spatiale, organisation et enjeux

Mais le tourisme est loin d'être le seul aménagement des littoraux français. Les activités portuaires et industrialo-portuaires marquent profondément les paysages, l'organisation spatiale et les enjeux de développement des territoires littoraux.

• Les aménagements portuaires

Les ports sont localisés dans des sites d'abri : des sites de fond de calanque comme Marseille, des ports de fond d'estuaire comme Rouen, des ports de rade comme Brest. Les rades, qui sont des baies fermées sont les plus faciles à défendre, c'est la raison pour laquelle on y trouve les deux grands ports militaires français de Brest et Toulon. En dehors de ces sites protecteurs, les ports sont fréquemment fortifiés, comme à Saint-Malo, Saint-Martin de Ré ou Aigues-Mortes.

Les ports ont eu, historiquement, un caractère stratégique qui explique certains aménagements. On note sur les cartes des fortifications littorales constituées de forts, citadelles, tours de gué, batteries, casemates. Mais on peut également repérer des îlots fortifiés au large de certains ports comme le Château du Taureau à l'entrée de la baie de Morlaix, ou le Château d'If à Marseille. De plus, les littoraux ont été le théâtre d'intenses combats lors de la Seconde guerre mondiale ce qui apparaît avec les épaves au large de certains ports comme Dunkerque, les blockhaus du mur de l'Atlantique, ou les plages du débarquement et les cimetières militaires de la côte normande.

Enfin les ports marchands sont des infrastructures destinées aux échanges, leur situation à plus petite échelle est évolutive et déterminante. Aujourd'hui, les principaux ports doivent être bien connectés à l'espace mondial, comme Le Havre sur le *Northern Range*, ou Marseille avec l'accès à la route maritime entre Gibraltar et la Méditerranée orientale. Les ports nouent aussi des partenariats pour renforcer leur poids, comme dans le cas de l'alliance HAROPA ou Ports de Paris-Seine-Normandie (Le Havre-Rouen-Paris, avec son port fluvial de Gennevilliers).

• Spécialisations et aménagements

La plupart des ports sont polyfonctionnels, mais certains sont dominés par une fonction qui les spécialise. Dans tous les cas, on retrouve dans les ports des aménagements communs.

La spécialisation portuaire implique une forte artificialisation et la construction de terre-pleins, des étendues artificielles de terres gagnées sur la mer par remblaiement. Leur construction permet d'aménager de vastes surfaces planes, dédiées aux aménagements industriels, commerciaux, ou portuaires. Les môles désignent les quais dont la longueur et la largeur sont très variables. Les quais délimitent les darses ou bassins. Il en existe différents types. D'abord, les bassins à flot, sur les littoraux où le marnage est fort, maintiennent le même niveau d'eau à une écluse. Les bassins à marée sont accessibles sans écluse, mais le niveau d'eau y varie. Enfin, les bassins en eau profonde (au-delà de – 10 m) sont accessibles quelle que soit la marée, y compris pour les navires à fort tirant d'eau. Ces derniers nécessitent souvent le surcreusement d'un passage navigable, le chenal, que l'on repère souvent aux balises qui le délimitent. Le chenal est régulièrement dragué pour éviter son ensablement. Et les ports sont fréquemment protégés par des digues.

Enfin, les ports constituent des plateformes multimodales où les marchandises peuvent changer de mode de transport, d'où l'importance des infrastructures. Les infrastructures portuaires permettent la connexion à l'avant-pays ou *foreland*, les destinations desservies depuis le port. Les infrastructures ferroviaires, routières et les canaux permettent la connexion à l'*hinterland* ou arrière-pays, l'aire de desserte continentale du port.

• L'évolution des ports

Les cartes topographiques représentent un certain nombre d'éléments qui permettent de déterminer les différentes étapes du développement du port. Le port le plus ancien est accolé au centre-ville. Ses bassins sont petits, datent de l'époque moderne ou sont antérieurs, portent fréquemment des noms comme « bassin du commerce » ou « bassin du roi ». Sur les littoraux qui connaissent la marée, ce sont souvent des bassins à flot. Inadaptés aux navires actuels trop grands et spécialisés, ces ports historiques ont souvent été transformés en bassins de plaisance.

Le port des XIXe et XXe siècles est éloigné du centre-ville et les terminaux se spécialisent. On note la présence de terminaux céréalier, minéralier, sidérurgique, pétrolier, gazier, roulier pour les navires se chargeant et se déchargeant avec une rampe de transport, en dernier lieu terminaux à porte-conteneurs.

Afin de moderniser les ports français, l'État a créé dans les années 1960 des ZIP (zones industrialo-portuaires), c'est-à-dire un espace qui associe des activités portuaires et des activités industrielles permettant ainsi de limiter les ruptures de charge. Celle de Dunkerque fut créée la première en 1963, suivie par celle de Fos-sur-Mer en 1968, et des zones industrialo-portuaires dans les parties aval des estuaires ont également été aménagées au Havre et à Saint-Nazaire/Montoir.

Figure 6.8 L'évolution du port de Marseille

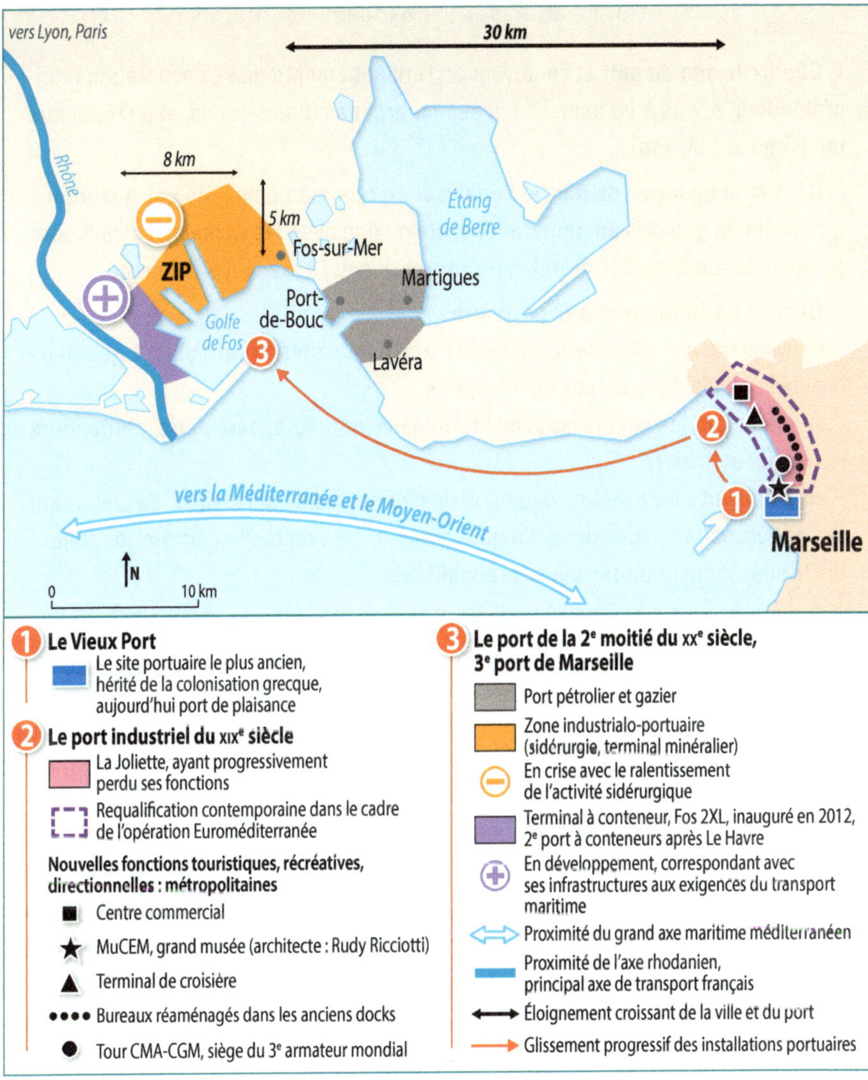

Le port de Marseille est représentatif des aménagements portuaires et de leur évolution. Le port se développe en trois étapes, depuis le port historique, jusqu'au port le plus récent, sur les rives de l'étang de Berre et du golfe de Fos. À chacune de ces étapes sont associées une taille et une spécialisation croissantes des infrastructures.

Le port, moteur du développement marseillais et autrefois situé au cœur de la ville, est de plus en plus éloigné par la dynamique de desserrement fonctionnel qu'exigent les vastes emprises portuaires. Le Vieux Port était situé dans le centre-ville, le port de la Joliette du XIXe siècle occupait une situation péricentrale au nord, et le grand port maritime de Fos-sur-Mer est aujourd'hui situé à une trentaine de km à l'ouest. Le Vieux Port est aujourd'hui un port de plaisance, tandis que les friches laissées par le port de la Joliette ont fait l'objet d'une grande opération de requalification urbaine : l'opération Euroméditerranée.

Comment analyser les espaces portuaires ?

1. Décrire le **site du port** et l'analyser en rendant compte de ses avantages (abri, profondeur, accès à un estuaire) et ses contraintes (hauts-fonds, exposition aux tempêtes, étroitesse).

2. Décrire la **situation du port** et l'analyser en rendant compte de ses avantages (proximité de grandes agglomérations, connexion avec les réseaux de transport, position de relais sur les grandes routes maritimes) et ses inconvénients.

3. Décrire les **infrastructures portuaires** :
– en donnant une idée de la taille des aménagements en effectuant quelques rapides calculs de longueur ou d'emprise ;
– en identifiant les spécialisations : terminaux vraquiers, céréaliers, conteneurs pétroliers et gaziers.
– en précisant s'il y a eu une évolution des équipements portuaires, en observant les générations successives d'aménagement, et éventuellement en identifiant les friches industrialo-portuaires requalifiées.

4. Repérer les **infrastructures industrielles** liées à la présence du port.

5. Enfin analyser les **conséquences économiques, sociales et environnementales** de la présence du port.

Les zones industrialo-portuaires se caractérisent par une forte intégration des activités, visible sur la carte. La fonction d'interface portuaire est incarnée par de vastes terminaux spécialisés. À chacun d'entre eux sont associées des fonctions de stockage et des activités de transformation, avec des industries lourdes. Ainsi les terminaux pétroliers et gaziers voisinent avec des stockages d'hydrocarbures, des raffineries, des usines pétrochimiques. L'industrie automobile est liée aux terminaux rouliers. Les terminaux céréaliers sont équipés d'énormes silos. Les terminaux minéraliers sont reliés à des activités sidérurgiques.

Enfin, le transport de marchandises s'opère aujourd'hui à 80 % par voie maritime, essentiellement par porte-conteneurs. Dans le contexte de la compétition portuaire mondiale, de nouveaux terminaux à conteneurs spécialisés apparaissent. Ils sont constitués de très vastes terre-pleins semblables qui semblent vides sur la carte. Les conteneurs y transitent entre leur déchargement et leur rechargement par des portiques géants sur d'autres moyens de transport (péniche, train, camion). Le critère majeur étant l'efficacité, ces terminaux à conteneurs sont en situation d'avant-port, et sont les premières infrastructures que rencontrent les navires arrivant dans le port. L'adaptation constante aux nouvelles exigences du transport maritime a conduit les espaces portuaires à s'éloigner du centre, y laissant parfois de vastes friches portuaires. Comme on l'a vu, en s'intéressant à la morphologie des centres-villes, la requalification de ces espaces en situation péricentrale fournit une opportunité majeure d'aménagement urbain.

3. Le développement des littoraux à l'épreuve de la durabilité

La multiplicité des fonctions résidentielles, portuaires, industrielles et touristiques développées sur les littoraux fait d'eux des territoires très convoités.

3.1 Risques et enjeux de durabilité

Les espaces littoraux soulèvent différents enjeux de durabilité. Ils sont confrontés à des enjeux de durabilité environnementale car les milieux littoraux sont souvent marqués par l'artificialisation et la surfréquentation. Celles-ci sont maximales sur les littoraux urbains et portuaires, moyennes à hautes sur les littoraux touristiques, moins marquées ailleurs où l'on trouve encore des milieux préservés comme la Camargue ou la Bretagne. Les milieux littoraux sont fragilisés par les pressions anthropiques : pollution des eaux et des plages par les activités agricoles, industrielles, urbaines et touristiques. Le tourisme favorise une surcharge environnementale, très concentrée dans l'espace et dans le temps. Celle-ci pose des problèmes concernant l'approvisionnement en eau et la gestion des déchets. Les écosystèmes fragiles sont dégradés, à l'instar des littoraux réunionnais où les déchets encouragent la prolifération de requins agressifs, nuisant à l'exploitation touristique, et suscitant des critiques à l'encontre de la réserve marine. Certains milieux à faible capacité de charge, supportant peu de pressions humaines, comme les landes bretonnes, sont déstabilisés par le piétinement induit par la fréquentation touristique.

Mais ils sont également exposés à de nombreux enjeux de durabilité sociale tels que la saisonnalité et la faible qualification des emplois touristiques, la robotisation des équipements portuaires qui entraîne la destruction d'emplois de dockers, le renchérissement de l'immobilier et du foncier qui nuit au logement des locaux.

Les littoraux sont enfin exposés à des risques spécifiques. Ceux-ci sont d'origine naturelle comme les tempêtes ou les inondations par submersion marine, ou d'origine technologique comme les risques industriels ou les risques de marées noires. Dans tous les cas, la concentration de populations et d'activités sur les littoraux accroît la vulnérabilité. Des mesures sont prises, telles que la limitation de l'urbanisation, la fixation des dunes permettant de stabiliser le trait de côte, voire la dépoldérisation, c'est-à-dire le retour des polders à la mer comme en Gironde, en Vendée et dans la Somme.

FOCUS : Les effets de la tempête Xynthia à l'Aiguillon-sur-Mer et à la Faute-sur-Mer

• En 2010, le territoire français a été frappé par la tempête Xynthia. Avec le cumul de la tempête et des grandes marées d'équinoxe, le littoral atlantique a été fortement touché. Le bilan matériel et surtout humain a été très lourd : 47 victimes, dont 26 dans les communes de l'Aiguillon-sur-Mer et de la Faute-sur-Mer au nord de l'Anse de l'Aiguillon intensément poldérisée.

• L'intensité exceptionnelle du phénomène naturel n'explique pas tout. La vulnérabilité était ici très forte. En effet, les centres villageois sont légèrement surélevés, en site de protection. Mais ce n'était pas le cas des lotissements récents résultant de la libéralité des maires à délivrer des permis de construire. La plupart des victimes à déplorer sont originaires de ces lotissements, construits en zone inondable, et où la présence de digues protectrices avait favorisé une négligence ou une méconnaissance du risque.

• Le traumatisme de la catastrophe questionne la gestion du risque d'inondation en France. L'État souhaite instaurer un contrôle plus strict de l'urbanisation en zone inondable en redéfinissant les zones rouges des PPR, voire en imposant des zones noires où les habitations et les aménagements devraient être détruits. Ces débats ont généré de nombreux conflits entre les élus locaux, les résidents et les professionnels du tourisme.

3.2 La protection des espaces littoraux

Les espaces littoraux font l'objet de nombreux dispositifs de protection.

Les mesures classiques de protection de l'environnement s'appliquent aux espaces littoraux. Il existe différents périmètres protégés qui sont visibles sur les cartes. Les parcs naturels nationaux ainsi que régionaux sont consacrés à la protection à la fois des milieux littoraux et aux activités traditionnelles depuis les années 1960. Depuis 2006, certains espaces sont protégés par des parcs naturels marins. Enfin, certains littoraux bénéficient également du classement européen Natura 2000, ou d'une Convention Ramsar de protection des zones humides.

Mais l'intensité des pressions a justifié la mise en place de mesures spécifiques de protection pour les littoraux. Depuis 1975 l'acteur majeur de la préservation est le Conservatoire du littoral. Cet établissement public mène une politique foncière visant à la protection définitive des espaces naturels et des paysages sur les rivages maritimes et lacustres. Il peut intervenir dans les communes littorales ou riveraines des estuaires et des deltas et des lacs de plus de 1 000 hectares. Il acquiert des terrains fragiles ou menacés. Après avoir fait les travaux de remise en état nécessaires, le Conservatoire du littoral détermine la manière dont les sites restaurés doivent être aménagés et définit les utilisations possibles notamment agricoles et de loisir. Il confie la gestion des terrains aux communes, à d'autres collectivités locales, ou à des associations, dans le respect des orientations arrêtées. Aujourd'hui, le Conservatoire du littoral a acquis près de 170 000 hectares sur 700 sites, soit 1 450 km de rivages c'est-à-dire plus de 13 % du linéaire côtier. L'action du Conservatoire du littoral n'est pas visible sur une carte, mais elle est repérable sur des photographies de dates différentes qui peuvent constituer un document d'appui.

Où se trouvent les périmètres protégés littoraux ?

- **Les PNN**

– de métropole : parcs de Port-Cros et des Calanques ;
– des DROM : parcs de Guadeloupe et de La Réunion.

- **Les PNR**

– de métropole : les parcs de Camargue, d'Armorique, du Golfe du Morbihan, de Brière, des Caps Marais et d'Opale, du Marais du Cotentin et du Bessin et de la Narbonnaise en Méditerranée, de Corse ;
– des DROM : parcs de Guyane et de Martinique.

- Les **parcs naturels marins** : parcs de la mer d'Iroise, de Mayotte, du Golfe du Lion, du Bassin d'Arcachon, des Estuaires picards et de la mer d'Opale, des Glorieuses (contigu à celui de Mayotte), du Cap Corse ou de l'Agriate, l'estuaire de la Gironde et de la mer des Pertuis. D'autres sont en projet, comme le parc du Golfe normand-breton, ou celui de Martinique.
- **Un parc marin international** : le parc des Bouches de Bonifacio.

Le Conservatoire du littoral a été complété par la loi Littoral, adoptée en 1986, et qui est à mettre en relation avec la loi Montagne de 1985. Cette date correspond à une remise en cause des excès environnementaux des stations intégrées des années 1960. La loi Littoral rend inconstructible la bande des 100 m jouxtant la mer, limite l'urbanisation en zone littorale, et instaure des servitudes de passage. Elle intègre la « zone des 50 pas géométriques » valable dans les DROM depuis l'époque moderne.

Quelles sont les grandes thématiques d'analyse des littoraux ?

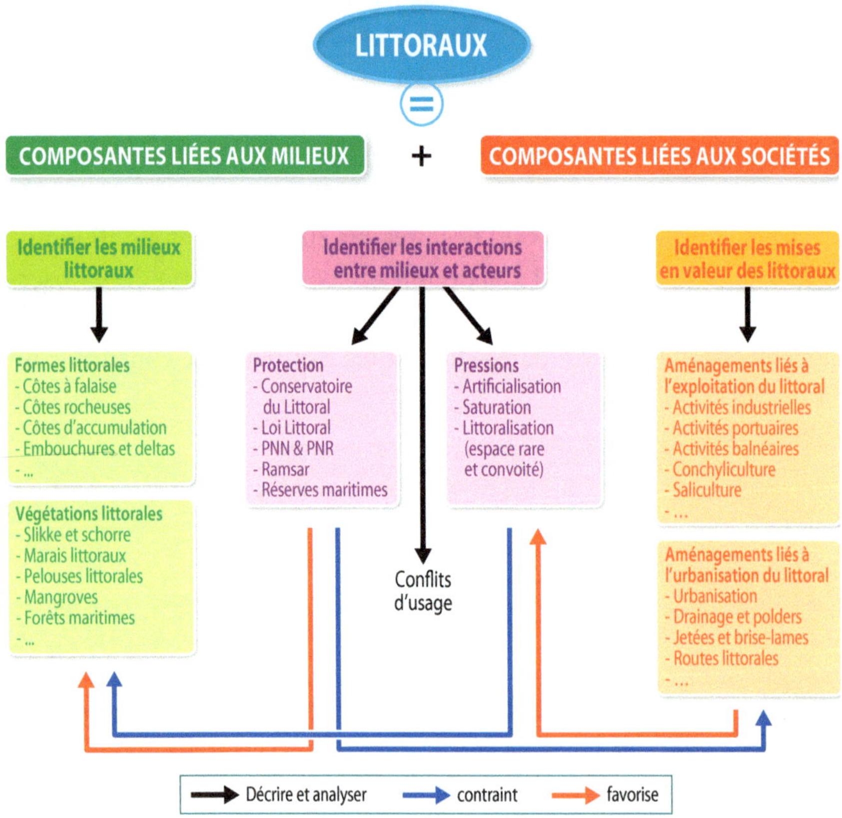

Commenter un espace littoral : l'exemple de Menton

Source : Extrait de la carte IGN au 1/25 000 Nice – Menton – Côte d'Azur 3742 OT, 2011.

Localisation

• Menton se situe à l'extrémité orientale de la Côte d'Azur et dans le prolongement de la Riviera italienne, de l'autre côté de la frontière toute proche (représentée par le trait orange épais au nord-est de l'extrait).

Commentaire des aménagements littoraux

• La ville s'est développée sur un site d'étroite plaine côtière (tout au plus 500 m de large au centre de la ville) ne laissant que peu de place à l'urbanisation et aux activités. La configuration topographique est à l'origine d'une organisation anisotropique de l'agglomération qui se développe le long du littoral. La construction de l'autoroute a nécessité de nombreux ouvrages d'art (viaducs, tunnels), justifiés par la place de cet axe important à l'échelle européenne.

• À partir d'un petit centre médiéval et moderne à l'est de la baie, la ville de Menton a connu un essor au XIXe siècle en relation avec le développement du tourisme. On retrouve ici tous les éléments d'une station balnéaire ancienne : gare, casino, promenade de front de mer, trame viaire en damier. L'offre touristique est aujourd'hui encore marquée par le luxe, comme le montrent les très vastes emprises des ports de plaisance.

• L'extension se poursuit selon des modalités différentes au XXe siècle. La concentration littorale des populations et des activités contraste avec la plus faible densité de l'intérieur, et notamment avec la partie nord-est de l'extrait, proche de la frontière et presque vide d'hommes. L'arrière-pays proche est organisé autour d'un village perché, Castellar, et d'une agriculture méditerranéenne (mention des pâturages à l'est, moulin à huile au centre-ouest) résiduelle, et très probablement conservée à des fins touristiques.

• En effet, l'économie de l'intérieur est aujourd'hui majoritairement résidentielle, et son organisation est à comprendre dans la périphérie mentonnaise. En réponse à la saturation de l'étroite bande littorale, les vallées sont investies par des dynamiques d'un desserrement à la fois résidentiel qui prend la forme d'une urbanisation assez dense le long du val du Careï ou d'un mitage plus diffus sur les collines, mais aussi d'un desserrement fonctionnel comme le montre la zone industrielle de Castellar repoussée à plus de 3 km du littoral.

- Cette dynamique de desserrement laisse deviner une forte pression foncière sur un littoral restreint réservé au tourisme, à l'origine d'une forte ségrégation socio-professionnelle. Une périurbanisation de classes aisées s'étend sur les collines, bénéficiant d'une vue et d'un ensoleillement valorisés, tandis que les actifs et les catégories populaires se concentrent dans les vallons inondables.
- Ce phénomène de desserrement contribue à un relatif « épaississement » du littoral, néanmoins marqué par des cloisonnements forts.

Chapitre 7

Organiser un commentaire

Objectifs

- Identifier le type de plan le plus pertinent.
- Organiser une argumentation problématisée et hiérarchisée.
- Rendre compte de l'ensemble des territoires et des dynamiques représentés par la carte.
- Mobiliser la carte et les documents complémentaires.
- Équilibrer la description des éléments visibles sur la carte et leur interprétation grâce aux connaissances sur le territoire français.

Les chapitres précédents ont permis de fixer le vocabulaire précis à employer ainsi que la manière de commenter les différents phénomènes visibles sur une carte. Il s'agit dans ce chapitre de donner des conseils méthodologiques concernant l'élaboration du plan du commentaire ainsi que de proposer des exemples de plans détaillés de commentaire de carte. Les jurys ont coutume d'écrire dans leurs rapports que du moment que le commentaire présente une réflexion bien organisée et problématisée, tous les plans sont acceptables. Cependant ce type de remarque n'avance guère le candidat lorsqu'il se retrouve devant sa copie. Il n'est évidemment pas question ici de livrer des recettes applicables sans réfléchir aux cartes, mais bien de proposer des guides afin d'éviter aux candidats de buter sur la manière de construire le plan.

L'organisation du commentaire de carte topographique est assez libre : il peut comprendre 2, 3 ou plus rarement 4 parties. Cependant certains types de plan sont plus fréquemment mobilisés : le plan classique, le plan thématique et le plan régional. Ils correspondent à des approches différentes du territoire, et sont parfois également valables pour un même extrait, mais si certaines cartes se prêtent mieux à l'un ou à l'autre.

Mais, quel que soit le plan choisi, on respectera quelques principes :

– l'*équilibre* entre les éléments visibles sur l'extrait cartographique et leur analyse fondée sur des connaissances extérieures ;
– l'*illustration systématique* des phénomènes décrits en localisant le(s) exemple(s) grâce aux points cardinaux et aux toponymes proches, et jamais en utilisant les carroyages de l'IGN ;
– le *respect de l'ordre canonique du commentaire* de carte topographique : description du relief, puis description des formations végétales et des paysages, puis description du peuplement et des activités, enfin analyse des enjeux de durabilité du territoire.

1. Les invariants : introduction, transitions et conclusion, documents annexes

1.1 L'introduction

L'introduction du commentaire de carte topographique s'organise de la même manière quel que soit le plan choisi. Elle comprend 6 éléments.

1. La présentation, c'est-à-dire :
– l'échelle et la date de production de la carte ;
– la mention des documents d'appui.

2. La situation de l'extrait proposé à plusieurs échelles (dans cet ordre) :
– des échelles nationale et régionale permettant de savoir s'il s'agit d'un espace frontalier et dans quelle grande région de France l'extrait est situé ;
– aux échelles locales et métropolitaines permettant de rappeler la distance aux principales agglomérations environnantes.

La situation de l'extrait nécessite une bonne connaissance de la géographie de la France. Mais les cartes topographiques fournissent également des indications. D'abord, elles sont proposées avec le carton de localisation dont le cadrage plus large permet parfois de localiser une ville importante ou un élément du relief discriminant (littoral, montagne, lac, fleuve…). Ensuite, l'examen des toponymes mentionnés sur la carte peut donner des informations comme lorsqu'un nom de pays est récurrent : Dammartin-en-Goële, Gournay-en-Bray, Le Puy-en-Velay, Saint-Christophe-en-Oisans, Bagnères-de-Bigorre, etc.

3. La présentation des éléments de contexte spécifiques liés à l'histoire du territoire, comme par exemple les marges frontalières convoitées par la France et l'Allemagne, à sa géographie comme par exemple les équilibres hydrologiques fragiles de la Camargue, ou à ses activités comme le Bassin houiller du Nord ou le vignoble bordelais. D'une carte à l'autre, ces éléments sont très variables dans leur nature comme dans leur importance.

4. Une présentation de l'espace cartographié lui-même, ce qui consiste à :

- identifier les grands ensembles topographiques et paysagers de l'extrait. Ils correspondent aux grands types d'espaces que l'on rencontre sur la carte. Dans certains cas, l'homogénéité du relief et des paysages est telle qu'il n'y a qu'un seul grand ensemble topo-paysager. Mais le plus souvent, on peut en distinguer 2 ou 3 ;
- rattacher l'espace cartographié à un grand type d'espace tel que : littoral industriel et urbain, moyenne montagne touristique, espace industriel en crise, etc. ;
- identifier les grandes thématiques d'étude ;
- présenter les documents au sein de cette étape, de façon croisée avec la carte : mention de leur nature, date, source, mais aussi de leur intérêt pour le commentaire.

5. La formulation d'une problématique qui ne doit pas excéder une phrase ou deux compte tenu du temps limité de l'épreuve à l'écrit comme à l'oral. La problématique du commentaire correspond à son fil conducteur, à l'idée-force de ce que vous allez démontrer au cours des différentes parties, à l'axe selon lequel va progresser votre argumentation. Comme toutes les problématiques, on évitera qu'elle soit si générale qu'elle puisse s'appliquer à n'importe quel extrait, et on évitera qu'elle soit si spécifique qu'elle limite le commentaire à un seul aspect de la carte.

6. L'annonce du plan du commentaire qui donne le contenu de chacune des grandes parties en le problématisant.

1.2 Transitions et conclusion

Même si le temps est compté dans l'exercice du commentaire de carte, on rappelle qu'il est nécessaire de rédiger à la fin de chaque partie une phrase qui fasse la transition avec la suivante afin d'expliciter le lien logique qui existe entre les deux.

Enfin, le commentaire de carte doit être clos par une conclusion. Une fois encore, compte tenu du temps limité, elle n'a pas besoin d'excéder la dizaine de lignes, mais elle est nécessaire car la copie sera considérée comme inachevée s'il n'y en a pas. La conclusion se fait en deux temps :

– d'abord une *reprise rapide des principaux thèmes* du commentaire et – si vous en avez fait un – un renvoi au croquis de synthèse réalisé en fin de devoir ;
– ensuite une *ouverture sur les enjeux* qui constituent des motifs d'incertitude pour l'avenir du territoire analysé.

1.3 Utiliser les autres documents

Les cartes topographiques ne sont plus jamais données à commenter seules : l'usage de documents s'est désormais généralisé. Les contextes peuvent être différents. Dans le cadre d'un commentaire de dossiers géographiques, la carte topographique n'est qu'un document parmi d'autres, parfois assez nombreux. Il convient alors de l'étudier de manière thématique, en relation avec l'idée générale du dossier. Dans le cadre d'un commentaire de carte, où l'on doit étudier l'ensemble des thématiques de la carte, les documents sont plutôt complémentaires. Ils ne sont pas à commenter en tant que tels, mais pour les informations supplémentaires qu'ils apportent. On parle dans ce cas de « documents d'accompagnement » ou de « documents d'appui ». Il convient toujours de les exploiter dans une logique de croisement avec la carte. Il faut systématiquement se demander quel est l'éclairage qu'apportent ces documents, et de quelle façon les utiliser. Dans tous les cas, ces documents ne doivent pas être ignorés, ou intégrés *a posteriori*.

Les documents qui peuvent accompagner la carte topographique sont de nature extrêmement variée. Certains, à l'instar d'une édition plus ancienne de la même carte, d'un paysage ou de statistiques, sont très classiques, tandis que d'autres, tels que les documents d'aménagement, voient leur usage se développer.

Quels documents peuvent compléter la carte topographique ?

• **Documents cartographiques**

– Une carte à plus petite échelle : 1/50 000 (1 cm = 2 km), 1/100 000 (1 cm = 1 km), plus rarement au 1/1 000 000 (1 cm = 10 km).

➤ *Elle sert à replacer l'espace étudié par rapport aux grands ensembles naturels, aux grands axes de circulation, ou aux influences périurbaine, touristique ou frontalière.*

– Une carte d'une autre édition, c'est-à-dire une carte ancienne : cartes de Cassini du XVIIIe siècle, cartes d'état-major du XIXe siècle, ou cartes IGN anciennes.

➤ *Elle permet une analyse diachronique qui mettra en évidence des changements, des dynamiques, voire des mutations. Les cartes anciennes appellent la réalisation de schémas diachroniques, concernant des portions signifiantes de l'espace, ou encore à l'échelle de la carte ancienne.*

• **Documents photographiques**

– Les photographies aériennes verticales

➤ *Elles permettent le repérage aisé d'éléments paysagers très précis, notamment pour les paysages agricoles : présence de haies, taille et forme des parcelles, signes de reboisement, prés et pâturages.*

– Les photographies aériennes obliques ou les photographies au sol

➤ *Elles permettent une analyse fine du paysage : ses éléments, ses contrastes, etc. On peut proposer, pour exploiter ce document, un schéma d'interprétation paysagère (voir* infra*).*

– Les images satellite

➤ *Elles permettent également une analyse fine du paysage, mais nécessitent une interprétation des couleurs qui ne sont pas toujours réelles.*

• **Documents iconographiques et artistiques**

– Les peintures, les textes littéraires, les cartes postales, les publicités, les documents de marketing territorial…

➤ *Ces documents sont souvent destinés à attirer l'attention sur les représentations, leurs évolutions et leurs constructions. Ils sont donc à commenter avec recul : quels éléments sont valorisés ? Quelles aménités sont mises en avant ? Quels éléments sont passés sous silence, lesquels sont minorés ?*

• **Documents statistiques**

– Les statistiques démographiques fournies par l'INSEE

– Les statistiques socio-économiques fournies par l'INSEE, mais aussi par les Chambres du commerce et de l'industrie, des acteurs sectoriels, ou par des rapports ministériels

– Les statistiques de l'agriculture fournies par le recensement agricole (Agreste) qui livre des renseignements tels que le nombre d'exploitations, leur superficie moyenne, leur orientation technico-économique (OTEX) désignant les cultures pratiquées

• **Documents d'aménagement**

– Les documents de gestion des risques : PPR (plan de prévention des risques naturels), PPRI (plan de prévention des risques industriels)…

– Les documents de planification urbaine : PLU (plan local d'urbanisme) élaboré au niveau communal ou intercommunal, SCOT (schéma de cohérence territoriale), PADD (plan d'aménagement et de développement durable)…

➤ *Ces documents élaborent un diagnostic et fixent de grandes orientations et des objectifs à atteindre à l'horizon de plusieurs années.*

Comment intégrer les documents d'accompagnement au commentaire ?

• Lors du travail au brouillon, l'objectif est d'**identifier l'intérêt du(es) document(s)** pour le commentaire. Pour cela, il importe de :

1. Situer les documents lorsqu'ils ne concernent qu'une partie de l'espace cartographié.
2. Donner du sens à la date du document en le contextualisant.
3. Dégager rapidement l'idée générale du document.
4. Surligner les éléments qui sont particulièrement signifiants et qui seront cités dans le commentaire.

• **Pour intégrer** l'étude du(es) document(s) au commentaire, il faut suivre plusieurs principes :

1. Présenter le(s) document(s) au sein de l'introduction.
2. Les utiliser régulièrement dans le développement et ne pas les reléguer à la fin du devoir.
3. Les citer précisément afin de faire intervenir les informations tirées des documents.
4. Intégrer des informations issues du(es) document(s) dans la production d'un schéma ou même au sein du croquis de synthèse.

2. Le plan classique

2.1 Principes d'organisation

Le plan classique reprend successivement les différents domaines du commentaire (topographie, végétation, paysages, peuplement, activités…) en les articulant et en les mettant au service de la problématique générale. Les différents champs du commentaire sont ceux que l'on a présentés au fil des chapitres, et l'agencement global de l'analyse reprend l'ordre canonique du commentaire de carte topographique en le problématisant. Ce type de plan, plus que les autres, nécessite d'être explicitement problématisé afin de ne pas tomber dans un fade catalogue des phénomènes visibles sur la carte.

I. Description du cadre

Il s'agit dans un premier temps de décrire et d'analyser les éléments qui constituent le cadre de l'extrait proposé :

- Les éléments marquants de la topographie : les grands ensembles de relief, mais aussi les formes spécifiques, en expliquant si nécessaire leurs évolutions.
- Les formations végétales : les forêts, marais et autres garrigues, en expliquant leurs spécificités naturelles mais aussi leurs usages, et en identifiant si nécessaire leurs évolutions.
- Les paysages agraires : openfield ou bocage…, et en repérant et expliquant si possible leurs évolutions.

➤ *Ce qui permet de faire la transition avec le peuplement et les activités qui varient le plus souvent d'un paysage à un autre.*

II. Description du peuplement et des activités

Il s'agit dans un deuxième temps de décrire et d'analyser la manière dont la population s'est répartie sur l'extrait proposé, et l'a mis en valeur en développant différentes activités :

- Le peuplement : plus ou moins dispersé ou groupé, en repérant les logiques et les effets de polarisation, et en identifiant les évolutions lorsque c'est possible.
- Les activités : en présentant d'abord les activités agricoles, puis industrielles et enfin tertiaires, en expliquant leur présence, leur dynamisme et/ou leur absence, et en identifiant les évolutions lorsque c'est possible.
- Les voies de communications : en faisant une description multimodale des principaux moyens de communication, en montrant dans quelle mesure les conditions de l'accessibilité constituent un atout ou un handicap pour l'extrait proposé.

➤ *Ce qui permet de faire la transition avec la partie suivante consacrée aux ressources et contraintes du territoire représenté pour la durabilité de son développement.*

III. Analyse des enjeux de durabilité du territoire représenté

Il s'agit dans un troisième temps d'analyser les enjeux de durabilité auquel est confronté le territoire de l'extrait proposé. Comme pour toute analyse de durabilité, les 3 domaines seront abordés et on n'hésitera pas à élargir l'échelle de l'analyse et à réfléchir à l'inscription du territoire aux échelles régionale, nationale voire internationale.

- La durabilité économique : la pérennité et le dynamisme des activités économiques développées sur l'extrait.
- La durabilité sociale : la limitation des disparités entre les différentes populations fréquentant le territoire, l'accès aux services public, les questions de logements et d'emplois…
- La durabilité environnementale : les menaces que font peser la société et les activités économiques sur les milieux naturels, et les mesures prises pour les limiter.

Le plan classique est surtout pertinent pour commenter des extraits représentant des territoires essentiellement ruraux qu'ils soient homogènes ou contrastés.

2.2 Exemples

- **Plan détaillé du commentaire d'un extrait A2 de la carte de Custines (Top 25 3414 O) centré sur le village de Nomény**

Introduction

Ce large extrait est tiré de la carte au 1/25 000 réalisée en 2007 par l'IGN accompagnée par un document d'appui constitué d'un texte de l'INSEE datant de mars 2013 consacré à l'agriculture lorraine et évoquant les enjeux de la réforme de la Politique agricole commune (PAC).

Le territoire est situé dans l'est de la France, dans la région Grand Est en Lorraine. L'extrait représenté est situé à quelques kilomètres à l'est de la Moselle, en plein Plateau lorrain ; il s'agit de l'extrémité occidentale du Saulnois. Le village de Nomeny se trouve à mi-chemin entre Metz et Nancy (environ 25 km) et plus précisément à une dizaine de kilomètres à l'est de la petite ville de Pont-à-Mousson.

Le territoire représenté est remarquablement homogène, il correspond à un seul et même grand ensemble topographique et paysager : le Plateau Lorrain dans lequel s'encaisse légèrement la Seille. Il s'agit d'un espace rural majoritairement agricole, dont les enjeux sont évoqués au travers du document d'appui.

On montrera dans ce commentaire en quoi le territoire représenté constitue un vaste espace rural massivement mis en valeur par une agriculture intensive qui doit aujourd'hui, pour bénéficier de la PAC, affronter et limiter les dégâts environnementaux dont elle est à l'origine.

On adoptera un plan classique pour étudier cet espace homogène dans sa topographie, ses activités et ses enjeux.

I. La monotonie topographique et paysagère du Plateau lorrain…

A. Un plateau drainé et vallonné

1. Un plateau vallonné…

2. … dans lequel s'encaisse la vallée de la Seille

B. Des paysages ruraux largement ouverts

1. Des bois résiduels

2. Mais surtout un paysage d'openfield presque ininterrompu

➤ *Une uniformité paysagère qui s'explique par la pratique d'une agriculture intensive.*

II… qui est le cadre d'une agriculture intensive

A. Un peuplement groupé en villages

1. Des villages-rues

2. Mais aussi quelques grosses fermes
à l'origine d'une certaine dispersion interstitielle

B. Des pratiques agricoles marquées par la polyculture

1. La domination ancienne de la céréaliculture

2. La présence d'un élevage bovin

3. Des vergers en production AOC autour des villages

➤ *Mais aujourd'hui ces pratiques et organisation territoriales sont confrontées aux conséquences de la périurbanisation nancéenne et aux dégâts causés par l'intensification agricole.*

III. Un territoire confronté à des enjeux environnementaux, mais aussi démographiques et fonciers

A. Les dégâts de l'intensivité de l'agriculture

1. La pollution aux nitrates des nappes phréatiques

2. Les évolutions de la PAC

3. Vers une agriculture plus durable ?

B. Les enjeux liés à la proximité des métropoles lorraines

1. Des espaces ruraux subissant la pression de la périurbanisation
2. Mais des territoires ayant fortement gagné en accessibilité

Conclusion

Les défis sociaux et environnementaux sont sérieux, mais l'accessibilité et la proximité métropolitaine présentent à la fois :

- l'inconvénient d'aggraver la concurrence pour les terres avec le renchérissement mécanique des prix immobiliers et fonciers,
- mais aussi différents avantages : une diversification de l'économie rurale en direction de l'économie présentielle, un élargissement des débouchés avec un marché métropolitain captif, ainsi qu'un accès aux services publics et marchands qui fait parfois cruellement défaut dans les espaces ruraux.

Document d'appui : La réforme de la Politique agricole commune en Lorraine

« Actuellement, l'agriculture lorraine est soutenue à hauteur d'environ 345 millions d'euros : 92 % en aides directes aux revenus et 8 % au titre de mesures de développement rural, comme l'installation, la modernisation des exploitations ou encore la prise en compte de l'environnement dans les pratiques agricoles. 2014 sera une année de transition, avant l'application de la réforme de la Politique Agricole Commune. De nouveaux principes sont introduits (convergence du niveau moyen d'aides directes à l'hectare entre les États et au sein de chaque État), d'autres sont renforcés (principe de subsidiarité des États, respect de l'environnement).

Pour la nouvelle phase de programmation, 2014-2020, priorité est donnée aux éléments suivants :

- une distribution des aides plus équitable : à l'horizon 2019, chaque exploitant français aura une aide directe à l'hectare, qui ne dépendra pas de la production, d'au moins 70 % de la moyenne nationale ;
- les soutiens sont renforcés vers l'élevage par des aides à la production (en élevage allaitant et laitier) et les exploitations en zones défavorisées voient leurs soutiens revalorisés ;
- constat étant fait d'une main-d'œuvre concentrée sur les exploitations de petite taille, une majoration des aides sur les 52 premiers hectares de chaque exploitation a été définie ;
- le verdissement : soumet l'attribution des aides à une obligation de rotation des cultures, à un maintien des surfaces en herbe et à la préservation de surfaces d'intérêt écologique.

À ce jour, les décisions ne sont pas toutes arrêtées, même si l'on peut déjà dire que les structures lorraines, qui sont pour beaucoup situées en zone intermédiaire, connaîtront une diminution de leur enveloppe globale dans le dispositif national. Les premières simulations montrent une redistribution territoriale des soutiens, entre l'ouest perdant en raison de la grande taille des structures et l'est bénéficiaire, couvert par les zones défavorisées, en raison de structures herbagères de taille plus modeste.

La prise de conscience de l'importance des enjeux eau, sol et biodiversité en agriculture, la demande toujours plus forte d'une alimentation saine et de qualité, la volonté de développer l'agroécologie affirmée par le ministre de l'agriculture, les scénarios de verdissement de la nouvelle politique agricole commune (PAC 2014), laissent entrevoir une période charnière importante au cours de laquelle l'agriculture lorraine devra continuer de s'adapter afin de toujours mieux concilier efficacité économique et respect de l'environnement.

À ce titre, l'agriculture qui participe à la dégradation de la qualité de l'eau en Lorraine (notamment pour les paramètres nitrates et pesticides) est mise à contribution pour atteindre l'objectif d'un bon état des eaux en 2015, fixé par la Directive-cadre sur l'eau. En 2005, celui-ci n'était constaté en Lorraine que pour 17 % seulement des masses d'eau superficielles et pour 59 % des masses d'eau souterraines. Enfin, l'agriculture biologique de son côté, bien qu'en progression, reste modeste : 373 exploitations lorraines ont été recensées en 2010 pour 2,6 % de la SAU régionale (13e rang français).»

Source : *Économie Lorraine*, INSEE, mars 2013.

• Plan détaillé du commentaire d'un extrait A2 de la carte de Mamoudzou-Petite Terre (Top 25 4410 MT) centré sur Mamoudzou

Introduction

L'extrait est tiré de la carte au 1/25 000 de 2005 réalisée par l'IGN et proposée avec comme document d'appui des statistiques publiées par l'INSEE pour Mayotte en février et octobre 2014.

Il s'agit d'un territoire insulaire ultramarin français situé dans l'hémisphère sud, en zone tropicale (12° de latitude sud). L'île se trouve dans l'océan Indien, à l'entrée du canal du Mozambique. Mayotte, qui appartient à l'archipel des Comores, est située à 8 000 km de la métropole et à 1 600 km au nord-ouest de l'île de La Réunion, à 300 km au nord-ouest de Madagascar. Notre extrait représente plus précisément la côte nord-est de l'île de Grande Terre où se trouve la capitale du DROM de Mayotte ainsi que l'île toute proche de Petite Terre. Il s'agit d'un espace littoral et insulaire ultramarin, marqué par des caractéristiques socio-économiques spécifiques, comme le montre le document d'appui.

On identifie 2 grands ensembles topographiques et paysagers :
- le cœur boisé de l'île qui correspond au massif quasiment non habité ni cultivé du Mlima Mtsapéré ;
- les littoraux et l'île de Petite Terre où se concentrent l'urbanisation et les activités agricoles, industrialo-portuaires et balnéaires.

On montrera dans ce commentaire en quoi l'île de Mayotte constitue un territoire insulaire ultramarin aux paysages marqués par la tropicalité et le volcanisme dont la mise en valeur est variée, mais dont la durabilité du développement est compromise par son rôle de porte d'entrée dans l'UE et sa vulnérabilité face au réchauffement climatique.

On adoptera un plan classique pour étudier ce territoire aux espaces contrastés, et marqués par d'intenses enjeux de durabilité.

I. Des formes et paysages marqués par la tropicalité, l'insularité et le volcanisme

A. Des îles volcaniques

1. La formation volcanique des îles de Mayotte
2. Des formes volcaniques récentes qui marquent les paysages
3. Un maigre réseau hydrographique

B. Une côte à lagon aux formes variées

1. À petite échelle, une côte à lagon protégée par une barrière corallienne
2. À grande échelle, une alternance de zones d'accumulation et de zones rocheuses

C. Des paysages dominés par la mangrove et la forêt

1. La mangrove
2. La forêt et les broussailles

➤ *Si Grande Terre est presqu'entièrement boisée, Petite Terre est, elle, totalement défrichée et consacrée aux activités agricoles et à l'urbanisation. Et ce sont ces aspects de Mayotte que l'on va maintenant aborder.*

II. Un peuplement et des activités qui évoluent sous l'effet de nouvelles dynamiques

A. Des activités agricoles diversifiées

1. La domination des cultures d'exportation
2. Les vergers et le maraîchage

B. Un peuplement concentré sur le littoral

1. Un chapelet de villes littorales denses
2. Une organisation renforcée par la démographie et le réseau de transport
3. Et un arrière-pays qui se dépeuple

C. Le développement de nouveaux secteurs d'activités *(Utiliser ici le document d'appui)*

1. L'administration publique fortement pourvoyeuse d'emplois
2. Une timide mise en tourisme
3. Les secteurs modestes de l'industrie et du bâtiment

➤ ***Ainsi on observe de nouvelles dynamiques tant spatiales qu'économiques. Mais ces nouvelles dynamiques ne répondent pas toujours, et parfois même aggravent, les enjeux de durabilité qui se posent à ce territoire.***

III. De préoccupants enjeux de durabilité sociale et environnementale

A. Les enjeux de durabilité sociale : pauvre entre les riches, riche entre les pauvres *(Utiliser ici le document d'appui)*

1. Le plus pauvre de tous les DROM
2. Le plus riche des territoires de la région : départementalisation et migrants illégaux

B. Les enjeux de durabilité environnementale : les menaces du réchauffement climatique et de l'urbanisation

1. La dégradation de la mangrove
2. La dégradation des récifs coralliens
3. D'amples périmètres protégés pour préserver l'environnement de l'urbanisation et du tourisme

Conclusion

L'extrait proposé permet de décrire un cadre naturel exceptionnel, mais aussi des enjeux de durabilité sociaux et environnementaux particulièrement sérieux. À tel point qu'en 2016 le Défenseur des droits a dénoncé l'ampleur du drame des mineurs isolés à Mayotte et la trop lente prise en compte de ce problème. Et la même année, des centaines de migrants illégaux ont fait l'objet de violence de la part de Mahorais excédés par la criminalité qui règne dans l'île et qui est attribuée à l'immigration clandestine.

Document d'appui : panorama statistique de l'INSEE de Mayotte

Repères

Population au 1er janvier 2013 (estimation)	214 700
Densité de population (hab./km²)	574
PIB régional 2009 (milliards d'euros)	1,37
Part dans le PIB de la France (%)	0,07
Taux de chômage au 2e trim. 2013 (%)	19,5
Taux d'illettrisme des 16 à 64 ans (%)(1)	41,6
Taux d'illettrisme des 16 à 24 ans (%)(1)	44,0

(1) Personnes scolarisées à Mayotte ou ailleurs sur le territoire français.

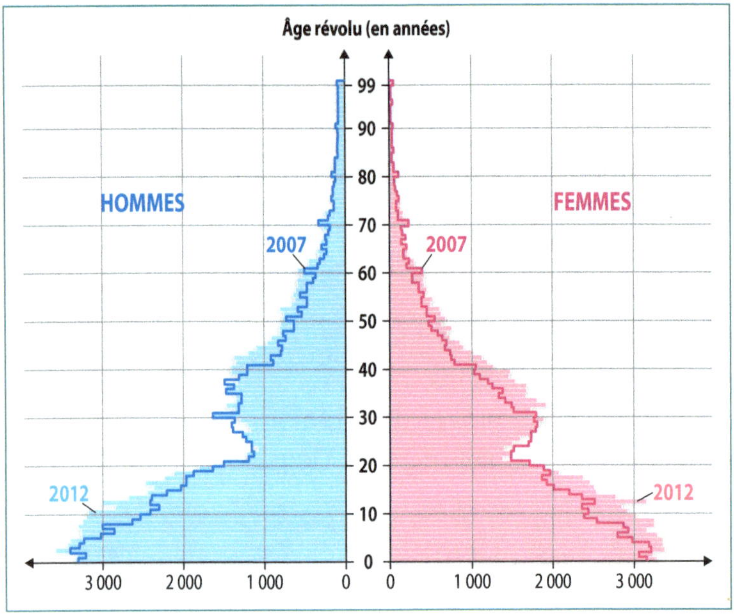

Population des sept plus grandes communes

Commune de résidence	Population en 2012	
	Total	Population de 15 ans et plus
Mamoudzou	57 281	31 486
Koungou	26 488	13 539
Dzaoudzi	14 311	8 150
Dembéni	10 923	5 912
Tsingoni	10 454	5 926
Sada	10 195	5 951
Bandraboua	10 132	5 445
Ensemble Mayotte	212 645	118 805

Emploi par secteur d'activités et par sexe

	Hommes	Femmes	Ensemble (%)
Agriculture	1,9	0,5	1,4
Industries	6,4	2,6	5,0
Construction	15,4	1,7	10,3
Tertiaire dont :	76,3	95,2	83,3
Administration publique, éducation, santé, action sociale	46,2	65,9	53,6
Commerce	10,6	10,7	10,6
Transports	7,8	2,6	5,9
Hôtels et restaurants	1,9	2,9	2,3
Autres activités tertiaires	9,8	13,0	11,0

Disponible sur : www.insee.fr/fr/themes/document.asp?ref_id=23566&reg_id= 27
et www.insee.fr/fr/themes/document.asp?ref_id=ip1488

3. Le plan régional

3.1 Principes d'organisation

Le plan régional consacre chaque partie du commentaire à un ensemble topographique et paysager, en les articulant et en les mettant au service de la problématique générale. L'agencement global de l'analyse traite séparément des grands ensembles en explicitant leur lien (complémentarité, concurrence, domination…), et on retrouve à l'intérieur des grandes parties l'ordre canonique du commentaire de carte topographique.

I. Commentaire du 1er grand ensemble

Les éléments marquants de la topographie.
Les spécificités des formations végétales et des paysages.
Les particularités du peuplement et des activités.
Les enjeux propres au territoire et ses relations aux autres grands ensembles de l'extrait.

II. Commentaire du 2e grand ensemble

Idem.

III. Commentaire du 3e grand ensemble

Idem.

Le plan régional est surtout pertinent pour commenter des extraits représentant des territoires présentant différents grands ensembles nettement contrastés. Il est particulièrement utilisé pour organiser un commentaire analysant les relations entre ville et espace rural, entre littoral et arrière-pays, entre montagne et piémont, entre vallées et sommets, entre côte au vent et côte sous le vent…

3.2 Exemples

• Plan détaillé du commentaire d'un extrait A2 de la carte de Colmar-Kaysersberg (3718 OT) centré sur Riquewihr

Introduction

Le document est un extrait de la carte au 1/25 000 de 2009 éditée par l'IGN proposée avec comme document d'appui une photographie aérienne de la commune de Guémar tirée du site Géoportail.

Le territoire est situé au nord-est de la France, dans la région Grand Est, plus exactement en Alsace au contact entre la plaine d'Alsace et le massif des Vosges. Le territoire représenté est situé à environ 65 km au sud de Strasbourg et à 35 km au nord de Mulhouse, quasiment en position frontalière (la frontière allemande n'est qu'à une vingtaine de km à l'est). La ville d'importance la plus proche est la ville de Colmar située à quelques km au sud de l'extrait.

3 grands ensembles topographiques et paysagers se distinguent :

- à l'ouest, le massif boisé de moyenne montagne des Vosges (400 et 900 m),
- à l'est, la plaine d'Alsace agricole et boisée, dont le paysage est bien visible sur le document d'appui,
- au contact entre des 2, les collines sous-vosgiennes (de 190 à 300 m) occupées par des bourgs et villages ainsi qu'un paysage essentiellement viticole.

Il s'agit d'un espace rural agricole fortement différencié. On montrera donc dans ce commentaire comment s'articulent ici 3 espaces topographiques, paysagers et économiques aux logiques différentes mais relativement complémentaires.

On adoptera un plan régional qui permettra de décrire chacun de ces espaces, ses formes et ses logiques.

I. Les Vosges alsaciennes : une moyenne montagne peu occupée

A. Un massif de moyenne montagne

1. Une moyenne montagne aux formes vigoureuses
2. L'empreinte glaciaire
3. Un large couvert forestier

B. Une montagne peu exploitée

1. Le maintien de l'exploitation forestière
2. Mais une mise en tourisme limitée

C. Des populations et des activités concentrées dans les vallées

1. Des villages concentrés dans les vallées
2. La présence d'une petite industrie rurale
3. L'absence de voies de communication transversales

➤ *Mais les paysages, le peuplement et les activités de ce territoire s'interrompent à mi-versant et contrastent avec un piémont plus peuplé et densément exploité par le vignoble alsacien.*

II. Les collines sous-vosgiennes : un piémont peuplé et viticole

A. Un piémont densément peuplé

1. Les collines sous-vosgiennes : un glacis vallonné
2. Un peuplement concentré en un chapelet de villages-tas
3. Des finages à l'organisation transversale

B. Un vignoble parmi les plus septentrionaux de France

1. Des aménités pédologiques, topographiques et climatiques favorables à ce vignoble de coteaux
2. Un prestigieux vignoble de cépage
3. Un vignoble mis en valeur par l'œnotourisme

➤ *Et contrairement au massif vosgien, ces espaces touristiques sont particulièrement accessibles pour les touristes car ils donnent sur le couloir de communication que constitue la plaine d'Alsace.*

III. La plaine d'Alsace : une plaine agricole au cœur de l'Europe rhénane

A. Une vaste plaine agricole

1. La topographie très plane du Ried de l'Ill
2. Une opulente plaine agricole

B. Un important couloir de circulation

1. Un segment d'un axe européen majeur
2. Incomplètement valorisé

Conclusion

L'extrait proposé représente un espace rural prospère marqué par des productions hétérogènes mais très rentables, et dont les dynamiques démographiques sont positives. De plus, ces 3 territoires majoritairement ruraux sont fortement individualisés mais ne sont pas en concurrence, au contraire. Cependant, l'influence des métropoles alsaciennes qui est modérément perceptible sur la carte, le serait bien davantage avec un cadrage légèrement décalé vers le nord ou le sud.

Document d'appui :
photographie aérienne de la commune de Guémar

Source : www.geoportail.gouv.fr

• Plan détaillé du commentaire d'un extrait A2 de la carte de Fort-de-France (4501 MT) centré sur la ville de Fort-de-France

Introduction

Le document est un extrait de la carte au 1/25 000 de 2006 éditée par l'IGN proposée avec comme document d'appui la carte au 1/50 000 éditée en 1958 par l'IGN représentant le nord de la Martinique.

Le territoire représenté est un territoire insulaire de la France ultramarine situé dans l'océan Atlantique à environ 7 000 km au sud-ouest de la France métropolitaine, à 14° de latitude nord, soit à mi-chemin entre l'équateur et le tropique du Cancer. La Martinique est une des îles de l'archipel des Petites Antilles, dans la mer des Caraïbes. Elle est située à environ 400 km à l'est des côtes du Venezuela. Notre extrait représente plus précisément le centre de l'île et la côte ouest où se trouve la ville de Fort-de-France qui est la capitale administrative et économique du DROM. Il s'agit d'un littoral ultramarin urbanisé, mais très contrasté.

À l'échelle 1/25 000, on identifie 3 grands ensembles topographiques et paysagers :

- au sud, la baie de Fort-de-France où se trouve l'agglomération côtière de Fort-de-France dont les espaces résidentiels, industriels et les infrastructures s'étalent de Schoelcher au Lamentin ;
- à l'est, les versants boisés des Pitons du Carbet protégés par un parc naturel ;
- et à l'ouest, les bas versants des Pitons du Carbet présentent un paysage de « campagne habitée » que l'on décrira plus précisément dans le commentaire.

À l'échelle 1/50 000, on identifie 3 grands ensembles topographiques et paysagers mais qui se découpent différemment :

- au nord, le cône de la Montagne Pelée plonge directement dans la mer. Ses versants profondément entaillés sont cultivés en plantations ;
- les Pitons du Carbet, prolongés par le Morne Jacob dessinent un massif dont les sommets successifs et le glacis de piémont constituent les paysages de la « campagne habitée » ;
- la baie de Fort-de-France dessine une profonde et vaste échancrure marécageuse dont la partie est a été conquise par l'agglomération foyalaise et les grandes infrastructures.

On montrera dans ce commentaire que l'île de la Martinique, dans sa diversité et sa richesse paysagère, est marquée par des contrastes et des enjeux de durabilité. On adoptera un plan régional qui permettra de mettre en évidence les contrastes entre la montagne volcanique largement boisée et relativement épargnée par l'urbanisation, la campagne habitée de Saint-Joseph aux logiques à la fois agricoles et périurbaines, et le littoral urbain de Fort-de-France.

I. Le nord volcanique de la Martinique : des formes variées, des paysages boisés

A. Des formes renvoyant à une histoire volcanique longue

1. La formation de la Martinique : un volcan actif et des volcans éteints

2. Des versants puissamment ravinés et un réseau hydrographique dense

B. Une moyenne montagne tropicale et insulaire boisée

1. Un faible risque cyclonique

2. Des précipitations davantage guidées par le relief que les alizés

3. Un certain étagement de la végétation

C. Un massif aux hauteurs peu habitées et protégé

1. Des paysages peu cultivés et faiblement habités

2. Un territoire largement protégé

➤ *Cette partie boisée et modérément peuplée de l'extrait contraste avec les deux autres : la campagne habitée de Saint-Joseph et le littoral urbanisé.*

II. La « campagne habitée » de Saint-Joseph, entre agriculture et périurbanisation

A. Les formes adoucies des bas versants des Pitons du Carbet

1. Des versants aux allures de plateau vallonné

2. Un réseau hydrographique étoffé

B. Un paysage fortement peuplé de « campagne habitée »

1. Une polyactivité héritée de l'histoire coloniale et agricole de la Martinique

2. Les héritages des cultures de plantation

3. Un habitat dispersé, mais un peuplement dense

➤ *Mais un facteur à ne pas négliger pour expliquer ces fortes densités est la proximité de l'agglomération de Fort-de-France et ses logiques périurbaines.*

III. Le littoral et la baie de Fort-de-France, un territoire urbain aux intenses enjeux de durabilité

A. Des formes littorales et des paysages variés

1. À petite échelle, l'opposition côte atlantique et côte caribéenne

2. Les volcans dans la mer : côtes à falaise et des bas-fonds

3. La Baie de Fort-de-France : sable et mangroves

B. Du port colonial militaire à la capitale de région

1. Un site amendé et une situation qui a fortement évolué
2. Le centre-ville colonial et ses extensions
3. Une périurbanisation peu dense mais très étendue : de Schoelcher au Lamentin

C. Un territoire confronté à d'importants enjeux de durabilité

1. Des enjeux environnementaux comme le scandale du chlordécone
2. Une forte ségrégation socio-spatiale
3. La pression de l'urbanisation et de la motorisation

Conclusion

Ce territoire regroupant 3 espaces marqués par l'insularité, la tropicalité, le volcanisme et le passé colonial de l'île. Et pourtant ces 3 territoires présentent des configurations spatiales différentes. Les enjeux de durabilité qui concernent autant la société, que l'économie et les milieux naturels sont également puissants dans les 3 espaces, mais ils y prennent des formes spécifiques pour lesquelles des solutions ne sont pas toujours trouvées.

Document d'appui : carte topographique du nord de la Martinique au 1/50 000 de 1958 (extrait)

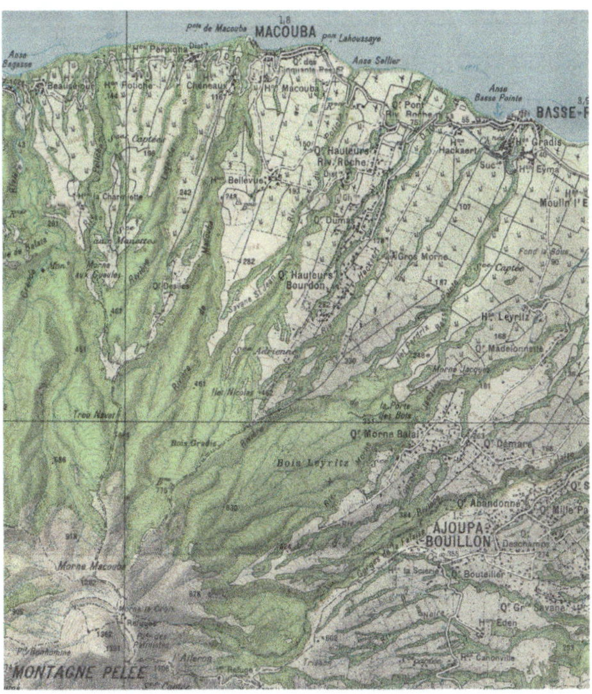

3. Le plan thématique

3.1 Principes d'organisation

Le plan thématique consacre chaque partie du commentaire à un phénomène spécifique en les articulant et en les mettant au service de la problématique générale. L'agencement global de l'analyse traite de différents thèmes ou d'un thème dans ses différents aspects. Cette approche ne doit pas empêcher que l'on retrouve l'ordre canonique du commentaire de carte topographique.

I. Thème ou phénomène 1 sur la carte

- Les éléments marquants de la topographie contribuant à expliquer le phénomène.
- Les spécificités des formations végétales et des paysages contribuant à expliquer le phénomène.
- Les particularités du peuplement et des activités contribuant à expliquer le phénomène.
- Les enjeux propres au phénomène 1.

II. Thème ou phénomène 2 sur la carte

Idem.

III. Thème ou phénomène 3 sur la carte

Idem.

Ou bien

I. Inscription du thème ou phénomène dans le(s) milieu(x)

- Les éléments marquants de la topographie contribuant à expliquer le phénomène.
- Les spécificités des formations végétales contribuant à expliquer le phénomène.
- Les paysages traduisant dans l'espace le thème ou phénomène.

II. Conséquences du thème ou phénomène sur le peuplement et la mise en valeur du territoire

- Les particularités du peuplement contribuant à expliquer ou illustrer le phénomène.
- Les activités et infrastructures liées au thème ou au phénomène.

- Les voies de communication contribuant à expliquer le thème ou le phénomène.

III. Enjeux de durabilité du thème ou du phénomène et mesures prises

- Les enjeux de durabilité économique.
- Les enjeux de durabilité sociale.
- Les enjeux de durabilité environnementale.

Le plan thématique est surtout adapté au commentaire d'espaces où un phénomène domine très nettement l'organisation et les dynamiques du territoire, ou bien d'espaces où coexistent des logiques et des activités différentes. Dans le cas d'une carte représentant essentiellement le phénomène urbain ou périurbain, adopte souvent un plan chrono-thématique permettant d'analyser les différents tissus urbains en suivant une progression chronologique qui correspond à l'éloignement du centre ancien. Mais ce plan est également adapté aux cartes représentant essentiellement un grand vignoble comme dans le Bordelais ou le Cognaçais, ou encore représentant essentiellement une activité économique ancienne ou actuelle comme le Bassin houiller du Nord, la sidérurgie lorraine, ou encore le tourisme balnéaire du littoral languedocien.

3.2 Exemples

- **Plan détaillé du commentaire d'un extrait A2 de la carte de Hénin-Beaumont (2505 O) centré sur Carvin**

Introduction

L'extrait est tiré de la carte au 1/25 000 de 2006 éditée par l'IGN proposée avec comme document d'appui une photographie de la fosse 9/9bis d'Oignies.

Ce territoire situé dans le Nord de la France, dans les Hauts de France, à environ 40 km de la frontière belge. Il s'agit plus particulièrement d'une partie du « pays noir » de la plaine de Flandres, c'est-à-dire la région vouée à l'extraction du charbon du début du XIXe siècle aux années 1980. Carvin est située à environ 20 km au sud de Lille.

Un seul grand ensemble topographique et paysager est visible : la plaine des Flandres où les anciennes villes et activités minières, dont le recul est matérialisé par des fiches comme celle du document d'appui, se mêlent à une campagne exceptionnellement plane et ponctuellement boisée.

On montrera dans ce commentaire comment ce territoire a fait des stigmates de l'effondrement minier qu'il porte dans ses paysages, son économie et sa société un patrimoine reconnu et attractif.

On adoptera une démarche thématique qui permettra de présenter le « pays noir » : son cadre d'openfield, puis ce qu'il en reste dans les paysages, et ce qu'en font les acteurs actuels du territoire.

I. La plaine de Flandres : un plat pays d'openfield

A. La plaine de Flandres : une plaine basse et parcourue de canaux

1. Une étendue quasiment tabulaire
2. Une plaine assez humide
malgré un maigre réseau hydrographique

B. Un paysage agraire d'openfield densément occupé

1. Un paysage d'openfield dédié aux grandes cultures
2. Un habitat rural groupé et dense

➤ *Ces activités agricoles, pour dynamiques qu'elles soient, ne sont pas à l'origine des paysages flamands. C'est bien l'ancienne exploitation minière qui a peuplé et façonné la plaine de Flandres qui constitue une partie du Bassin houiller du Nord.*

II. Le pays noir : la prégnance de l'empreinte minière

A. Le bassin minier du Nord : le paradoxe d'un site ayant perdu de son intérêt lorsque sa situation est devenue avantageuse

1. Un vaste gisement qui s'est épuisé
2. Une situation frontalière devenue avantageuse

B. Des paysages hérités de l'exploitation minière

1. La production : du carreau au terril
2. L'exportation de la production
3. Le logement en corons

C. La crise de l'industrie minière

1. Le traumatisme socio-économique de la fermeture des mines
2. La permanence des paysages

➤ *Ce désastre économique mais aussi social pour la région a entraîné un certain nombre de tentatives de reconversion.*

III. La patrimonialisation et les tentatives de reconversion

A. La patrimonialisation du bassin houiller

1. L'entrée au patrimoine mondial de l'humanité
2. La participation à la Route européenne du patrimoine industriel

B. Une lente revitalisation

1. Les tentatives de reconversion industrielles et logistiques
2. La coopération transfrontalière

Conclusion

L'extrait montre une région qui présente un des territoires industriels les plus sinistrés de France car la fermeture des mines de charbon n'a que précédé l'entrée en crise des autres piliers de l'économie régionale (textile, sidérurgie-métallurgie). Et si certains pôles comme la métropole lilloise ont réussi leur reconversion tertiaire, le «pays noir» ne s'est pas tout à fait relevé de l'effondrement de l'économie industrielle et minière.

Document d'appui : La fosse 9/9 bis d'Oignies

Source : Bruno Lusso, «Patrimonialisation et greffes culturelles sur des friches issues de l'industrie minière», *EchoGéo*, n° 26, 2013.

Vue générale des infrastructures minières et du Métaphone, une salle de spectacle dédiée aux musiques actuelles et populaires, il peut recevoir entre 500 et 1 000 personnes. Il vise à accueillir des artistes de renommée nationale ou internationale mais aussi des artistes locaux, semi-professionnels et amateurs.

• **Plan détaillé du commentaire d'un extrait A2 de la carte de Saint-Denis-Île de La Réunion centré sur Saint-Denis (4402 RT)**

Introduction

L'extrait est tiré de la carte au 1/25 000 de 2010 éditée par l'IGN, proposée avec comme document d'appui une affiche publicitaire touristique éditée par l'IRT (le syndicat d'initiative Île de La Réunion Tourisme) en 2014.

Ce territoire insulaire de la France ultramarine est situé dans l'océan Indien à environ 9 000 km au sud-est de la France métropolitaine, à 20° de latitude sud, soit légèrement au nord du tropique du Capricorne. À l'échelle régionale, La Réunion se trouve à 700 km à l'est de Madagascar et à 170 km de l'île Maurice, et elle constitue la plus grande île de l'archipel des Mascareignes. Notre extrait représente plus précisément le nord de l'île où se trouve la ville de Saint-Denis qui est la capitale administrative et économique du DROM.

Trois grands ensembles topographiques et paysagers se distinguent :
- l'agglomération de Saint-Denis qui réunit le centre ancien, et les extensions périurbaines et logistiques ;
- les versants boisés qui occupent la partie sud de l'extrait et correspondent à la réserve de la Roche Écrite ;
- et les plantations de canne à sucre de Beaufond qui occupent quasiment toute la moitié est de l'extrait.

On montrera dans ce commentaire que l'île présente un milieu insulaire marqué à la fois par sa tropicalité et son volcanisme, des caractéristiques que la société réunionnaise a mises en valeur de manière variable depuis le XVIIe siècle.

On adoptera une démarche thématique qui permettra de présenter les spécificités du cadre naturel réunionnais dont on identifiera à la fois les contraintes pour l'aménagement, et les mises en valeur successives.

I. Une île volcanique et tropicale aux milieux variés et exceptionnels, mais contraignants

A. Les planèzes du Piton des Neiges

1. Les planèzes

2. Des ravines qui compartimentent l'espace

B. Des formes côtières également liées au volcanisme

1. Une côte basse d'accumulation

2. Une côte à falaise vive

C. Un climat et des paysages insulaires et tropicaux

1. L'amorce du versant au vent
2. L'étagement de la végétation
3. Des contraintes climatiques

➤ ***Ces spécificités naturelles présentent certes des contraintes, mais elles n'ont pas empêché l'urbanisation et la mise en valeur de ce territoire insulaire.***

II. Des plantations coloniales aux logiques touristiques : la mise en valeur d'un cadre exceptionnel

A. Les activités agricoles : une économie traditionnelle de plantation

1. Des activités agricoles variées
2. La canne à sucre, production pivot de l'agriculture réunionnaise héritée des plantations coloniales

B. Les enjeux de l'urbanisation de la région de Saint-Denis

1. Un espace urbain qui traduit une société multiconfessionnelle
2. L'enjeu du mitage périurbain à Saint-Denis
3. L'enjeu des inégalités

C. Aujourd'hui un tourisme tourné vers des milieux patrimonialisés

1. Plutôt un tourisme de nature
2. La préservation des milieux réunionnais

Conclusion

Cet extrait nous présente une partie de la réalité ultramarine française, aux fortes spécificités :

- naturelles : un espace insulaire tropical et volcanique ;
- économiques : une ancienne économie de plantation qui se reconvertit aujourd'hui dans le secteur des services métropolitains et touristiques ;
- sociales : une société multiconfessionnelle où les clivages sont fort non pas entre les communautés mais entre les classes sociales ;
- et environnementales : une île dont la moitié de la surface est concernée par des mesures de protection des milieux.

Document d'appui : Brochure de publicité pour le tourisme à l'île de La Réunion (2016)

Source : www.reunion.fr/sites/crt-reunion/files/brochures/files/guide_des_activites_de_pleine_nature_2016.pdf

Chapitre 8

Concevoir et réaliser des croquis

Objectifs

- Concevoir les schémas et croquis pertinents pour illustrer le commentaire.
- Réaliser des schémas et croquis dont la légende est problématisée et hiérarchisée.
- Réaliser des schémas et croquis qui respectent les règles de sémiologie graphique.

Les réalisations graphiques enrichissent une copie et sont systématiquement valorisées par les jurys. Mais pour qu'elles rapportent réellement des points, il importe qu'elles soient pertinentes et qu'elles respectent les règles de sémiologie graphique. Il en existe de nombreux types : croquis de finage, croquis de synthèse, schéma, organigramme, graphique à courbe ou même tableaux comparatifs. La réalisation graphique fait partie intégrante de la démarche géographique : elle permet de clarifier une explication, d'illustrer un phénomène ou une dynamique, mais surtout de spatialiser le raisonnement.

Dans tous les cas, il ne s'agit pas de reproduire la carte, ni de rechercher l'exhaustivité, mais bien de sélectionner les informations et d'apporter des explications. Les réalisations graphiques n'ont pas une fonction décorative mais explicative : elles doivent être pleinement intégrées au devoir. Et la représentation d'éléments issus des documents d'accompagnement met habilement en évidence une capacité à croiser les informations.

1. La construction de la légende

1.1 Rappel des règles de sémiologie graphique

La sémiologie graphique désigne « *l'ensemble des règles qui permettent l'usage d'un système de signes graphiques pour transmettre l'information*[1] ». La réalisation de croquis et schémas géographiques répond ainsi à une série de règles qui régissent les signes à utiliser, mais aussi à des règles de bon sens permettant de mettre en valeur dans le devoir les réalisations graphiques.

• Présentation

À l'exception du croquis de synthèse qui peut figurer en fin de devoir, les croquis, graphique ou schéma doivent être insérés au fil du texte, après une phrase ou deux de présentation et d'explication. On conseille de consacrer à chaque production graphique entre 1/4 de page pour les plus modestes, à une page pour les croquis de synthèse, de l'encadrer et de la titrer de façon problématisée.

Pour les croquis, il est indispensable d'indiquer à chaque fois une échelle approximative ainsi que l'orientation.

Enfin la légende, qu'elle soit courte ou longue, doit impérativement être lisible en même temps que le croquis ou schéma. Cela signifie qu'elle ne peut en aucun cas apparaître pour tout ou partie au verso de la production graphique. On rappelle également qu'à l'écrit il est interdit de coller ou scotcher des morceaux de papier autour du croquis pour poursuivre la légende, cela constitue un cas de rupture d'anonymat et risque d'entraîner l'annulation de la copie.

• Figurés et couleurs

Trois types de figurés sont utilisés :

1. Les figurés ponctuels, c'est-à-dire les symboles ou formes géométriques simples telles que les carrés, ronds, rectangles, triangles, croix, étoiles, trapèzes, etc., ou combinées telles que des croix dans un carré,

1. Définition de J. Bertin, in *Sémiologie graphique*, 1967.

triangle dans un rond, étoile dans un rectangle… Ils représentent des phénomènes et situations ponctuels.

2. Les figurés linéaires, c'est-à-dire les lignes continues ou discontinues, simples ou doubles, avec ou sans flèches… Les lignes représentent des limites telles que des frontières administratives, les talus (qui correspondent à la limite d'un plateau), le périmètre d'un parc naturel… Et les flèches sont utilisées pour représenter les flux et les axes de circulation (LGV, autoroute, canaux…), ou les cours d'eau, mais aussi pour représenter les dynamiques comme la progression de la périurbanisation ou de la mise en tourisme, le mitage d'une forêt… Lorsque le flux est à double sens, on prendra soin d'utiliser une flèche double. Ainsi un cours d'eau ne coule que dans un sens donc il sera représenté par une flèche simple. Tandis qu'un canal, comme une route ou une voie ferrée peuvent être empruntés dans les deux sens et seront donc représentés par une flèche double dont on prendra soin d'indiquer la direction (vers Paris, Lyon, la Belgique…).

3. Les figurés de surface, c'est-à-dire les aplats de couleur, les zones quadrillées ou hachurées, ou les trames de points. Ils permettent de figurer les phénomènes observables sur toute une zone, et leur intensification ou au contraire leur affaiblissement. Les effets de gradient sont représentés par des couleurs allant des plus claires ou froides, aux plus foncées ou chaudes, ou encore par le resserrement progressif des hachures ou du quadrillage. On peut également utiliser les quadrillages pour indiquer l'ouverture ou la clôture des paysages ruraux : l'openfield est le plus souvent représenté par des lignes très espacées ou un quadrillage très lâche, tandis que le bocage est représenté par un quadrillage plus ou moins serré suivant qu'il s'agisse de bocage organique ou mimétique. Il faut toutefois prendre garde à utiliser des couleurs, quadrillages ou hachures facilement distinguables les unes des autres. Par exemple, il est recommandé de ne pas utiliser plus de 4 intensités de couleur. À noter que les hachures sont à réserver à la superposition des figurés de surfaces.

4. Enfin, il existe également des conventions en ce qui concerne l'utilisation des couleurs. Certaines sont à proscrire comme les couleurs fluo. Et d'autres ne correspondent qu'à une seule catégorie de phénomènes :

- Le **vert** n'est à utiliser que pour les phénomènes liés à la végétation. C'est-à-dire que l'on utilisera des figurés verts pour les paysages ruraux, les bois et forêts, les végétations spécifiques (mangrove, garrigue…), les parcs et jardins…

- Le **bleu** n'est à utiliser que pour les phénomènes liés à l'eau. C'est-à-dire que l'on utilisera des figurés bleus pour les phénomènes maritimes (la mer, les platiers, l'estran, les courbes bathymétriques…), les fleuves, rivières et canaux, les sources et résurgences, les étangs et lacs, les marécages, les réservoirs, etc.
- Le **rouge** et le **noir** répondent à des règles de sémiologie moins rigides : le rouge est utilisé en priorité pour le peuplement (villages et espaces urbains), les axes routiers ou les frontières ; le noir est traditionnellement utilisé pour les axes ferroviaires, et les éléments de reliefs.
- Les autres couleurs telles que le **violet**, le **marron**, le **orange**, le **rose**… sont d'un usage plus libre. Il convient cependant d'éviter d'utiliser le jaune qui est mal lisible sur les copies.

• Mentions

Des mentions manuscrites telles que les noms de lieux, d'axes, de cours d'eau ou de massifs de montagnes sont nécessaires à l'intelligibilité du croquis ou schéma. On conseille d'en faire figurer le moins possible de manière à ne pas surcharger la réalisation graphique. Si la mention est indispensable, il convient de les écrire toujours de manière horizontale, sauf pour les cours d'eau ou les massifs de montagnes, dont la mention peut suivre la forme. La graphie des mentions peut varier : différentes couleurs peuvent être utilisées, les lettres peuvent être capitales ou minuscules, la mention peut être soulignée ou encadrée… Quelles que soient les graphies choisies, il faut impérativement les référencer en légende.

1.2 Organisation de la légende

Toute production graphique nécessite une légende. Elle sera particulièrement étoffée pour les croquis synthèse. Mais les tableaux, les schémas explicatifs, les courbes et organigrammes doivent également être légendés : on prendra soin d'expliciter ce que signifient les courbes, les flèches, ou les figurés même s'ils sont peu nombreux.

• Organisation et problématisation

La légende n'est pas un catalogue de figurés : elle doit être systématiquement organisée en partie regroupant les phénomènes similaires. Et lorsqu'il s'agit d'un croquis ou d'un schéma un peu complexe, la légende doit impérativement être problématisée et organisée en parties voire en sous-parties titrées et numérotées. L'organisation de la légende dépend de la problématique qu'elle sert, car une légende doit également être problématisée.

Dans le cas du croquis de synthèse, la légende correspond à une trame argumentative : elle doit se présenter comme un plan détaillé qui peut être celui du commentaire ou bien un autre qui se prête davantage à la réalisation cartographique. Une légende problématisée est une légende dont les titres et sous-titres ne se contentent pas de constater les phénomènes mais les qualifient, en donnent une interprétation.

Comment problématiser une légende de croquis ?

La problématisation de la légende se traduit dans la formulation des références des figurés. Si un figuré est référencé dans la légende avec une formulation non problématisée, il n'a aucun poids argumentatif (colonne de gauche). Mais si le même figuré est référencé dans la légende avec une formulation problématisée, il participe à la démonstration (colonne de droite).

	Formulations non problématisées	Exemples de formulations problématisées
Titres	I. Relief	I. Une topographie contraignante
	II. Peuplement	II. Un peuplement dense et polarisé
	III. Activités	III. La domination des activités du tertiaire supérieur *ou* Un territoire largement agricole
	IV. Réseaux de transport	IV. Un territoire faiblement accessible *ou* Un corridor de circulation à l'échelle européenne
Figurés	– Fleuve	– Fleuve sujet aux crues ou Fleuve au débit régulier
	– Village	– Villages-tas organisés en chapelet
	– Openfield	– Openfield céréalier issu de la débocagisation
	– Forêt	– Forêt d'agrément *ou* forêt à fort risque d'incendie
	– Industries	– Vastes zones d'industries lourdes en reconversion *ou* petites zones industrielles de hautes technologies

• **Sélection et regroupement des figurés**

Pour qu'il reste rapidement intelligible, un schéma ou un croquis doit présenter un nombre limité de figurés. On considère qu'un croquis de synthèse doit compter entre 8 et 15 figurés. Un travail de sélection et de hiérarchisation des phénomènes les plus pertinents est donc à réaliser puisqu'il s'agit de mettre en évidence les grandes logiques de l'organisation de l'espace. S'il s'avère nécessaire de représenter plus d'une quinzaine de phénomènes, il est tout à fait possible de concevoir des « figurés composites », c'est-à-dire de proposer un seul figuré qui représente plusieurs phénomènes. Par exemple, un seul figuré suffit pour représenter un système de polyculture qui associe céréaliculture, vergers et élevage.

2. Réalisation des croquis et schémas

2.1 Exhaustivité et fidélité des figurés, clarté de la réalisation

Il est crucial que la légende soit exhaustive, c'est-à-dire que l'ensemble des figurés soit référencé en légende, et que la légende ne contienne pas de figurés absents du croquis. Le blanc par exemple a une valeur cartographique : les surfaces laissées en blanc sur le croquis ou le schéma doivent être supprimées ou référencées.

On prendra soin également que les figurés en légende et sur le croquis soient strictement identiques :

- le même stylo ou feutre doit être utilisé pour les tracer sur le croquis et les reporter en légende ;
- l'écartement et le sens des hachures ou du quadrillage doivent être strictement les mêmes ;
- la même graphie doit être conservée pour les toponymes indiqués ;
- si la taille d'un figuré varie sur le croquis, il faut l'indiquer dans la légende.

Sans que des qualités de dessinateurs soient attendues, il convient de veiller à rendre compte le plus fidèlement possible l'espace représenté par le croquis : les grandeurs et les positions relatives des différents éléments du croquis doivent être respectées. Il faut pouvoir d'un coup d'œil reconnaître l'extrait croqué. Pour y arriver vite et bien, rien de tel que l'entraînement…

Enfin – mais cela relève du bon sens –, les productions graphiques doivent être soignées : pas de crayon à papier, pas de ratures, pas de couleurs ou de figurés mal effacés, des traits tracés à la règle, des figurés dessinés à l'aide d'un normographe si nécessaire, un schéma ou croquis et une légende aérés, une légende dont les titres des parties sont soulignés, pas de papier transpercé par le feutre ni de coloriage sauvage au crayon de couleur, une écriture lisible, des figurés identifiables…

2.2 Différents types de schémas et croquis

On l'a dit en introduisant ce chapitre, il existe de nombreuses productions graphiques possibles. Cependant certains sont plus courants et donc plus attendus que d'autres. Les 3 plus fréquents sont :

1. Le **croquis de synthèse** : il représente l'intégralité de l'extrait à commenter et dont il restitue l'organisation spatiale et les principales dynamiques. Il y est fait référence autant de fois que possible dans le corps du commentaire, mais il est placé à la fin du devoir après la conclusion. Il occupe entre ½ et ¾ de page et sa légende problématisée nécessite le plus souvent ½ page à 1 page entière à placer en vis-à-vis. Son titre, synthétique, doit résumer les grandes logiques de l'organisation de l'espace.

Comment réaliser un croquis de synthèse ?

1. Dessiner le **cadre** du croquis : tracer la bordure, une flèche en direction du nord, et indiquer le titre du croquis.
2. Construire la **légende** : trouver une problématique ; lister les phénomènes à représenter ; trouver les titres des grandes parties et des sous-parties. Ce travail peut être d'abord fait au brouillon.
3. Dessiner le **croquis** : représenter les éléments que l'on juge nécessaire de faire figurer, en choisissant au fur et à mesure les figurés afin que la représentation soit la plus lisible possible. Ce travail doit être fait directement au propre, faute de temps.
4. Référencer les **figurés en légende** : reporter rigoureusement dans la légende la totalité des figurés utilisés sur le croquis. Ce travail doit être fait directement au propre.
5. Indiquer l'**échelle** : calculer approximativement l'échelle du croquis à partir d'éléments marquants de la carte représentés sur le croquis ; dessiner l'échelle au bas du cadre (ne pas donner de fraction).

➤ *Cette méthode de réalisation fait faire des allers-retours entre la légende et le croquis qui permettent d'une part d'éviter tout oubli, et d'autre part d'adapter au fil du dessin les figurés à ceux déjà présents et d'éviter ainsi les superpositions illisibles.*

2. Le **croquis de finage** : il représente l'organisation du finage type d'un village rural. Il permet de bien identifier la configuration du ou des terroirs. Il est annoncé et présenté au moment de la description des paysages et activités agraires. Il occupe entre ½ et ¼ de page et sa légende ne compte généralement pas plus de 5 à 7 figurés.

Comment réaliser un croquis de finage ?

1. Sélectionner une **commune** : repérer une commune représentative de l'organisation spatiale que l'on veut mettre en évidence.

2. Construire la **légende** : trouver une problématique et lister les phénomènes à représenter ; les organiser.

3. Dessiner les **limites du finage** : repérer les limites communales sur la carte le finage ; les reproduire approximativement sur la feuille.

4. Localiser et cartographier les **éléments-clefs** : identifier le ou les terroirs et les délimiter ; identifier les éléments propres à chaque terroir ; représenter ces éléments en 2 dimensions sur un croquis, ou en 3 dimensions sur un bloc-diagramme.

5. Référencer les **figurés en légende** : reporter rigoureusement dans la légende la totalité des figurés utilisés sur le croquis.

3. Le **schéma diachronique** : il représente les mutations sociales, économiques et spatiales qui ont marqué un territoire entre 2 dates. Il est annoncé et présenté au moment de la description des paysages et activités hérités et actuels, particulièrement lorsque la carte à commenter est accompagnée d'une édition plus ancienne. Il occupe environ 1/2 page et sa légende ne compte généralement pas plus de 5 à 7 figurés (*cf.* chapitre 4).

Comment réaliser un schéma diachronique ?

1. Comparer les **documents** : observer attentivement la portion d'espace que l'on souhaite étudier pour repérer les évolutions démographiques, paysagères, économiques, logistiques, d'organisation spatiale…

2. Déterminer la **problématique** : proposer un titre pouvant ressembler à « Passage d'une logique A à une logique B entre la date A et la date B », ou encore « Processus de   tion dans un espace X entre la date A et la date B » ; organiser la légende en fonction de l'axe choisi.

3. 1re possibilité : Réaliser 2 **schémas** : le 1er représente l'organisation spatiale à la date la plus ancienne, et le 2e l'organisation spatiale à la date la plus récente.

4. 2e possibilité : Réaliser 1 seul **schéma** : le schéma croise les 2 situations en montrant les évolutions pour chaque dimension spatiale : les paysages, le peuplement, les activités, l'accessibilité… La 2e possibilité est préférable.

3. Exemples de croquis de synthèse

3.1 Croquis de synthèse d'un extrait de carte centré sur Longwy

Figure 8.1 Un espace industriel ancien, entre crise et ouverture européenne

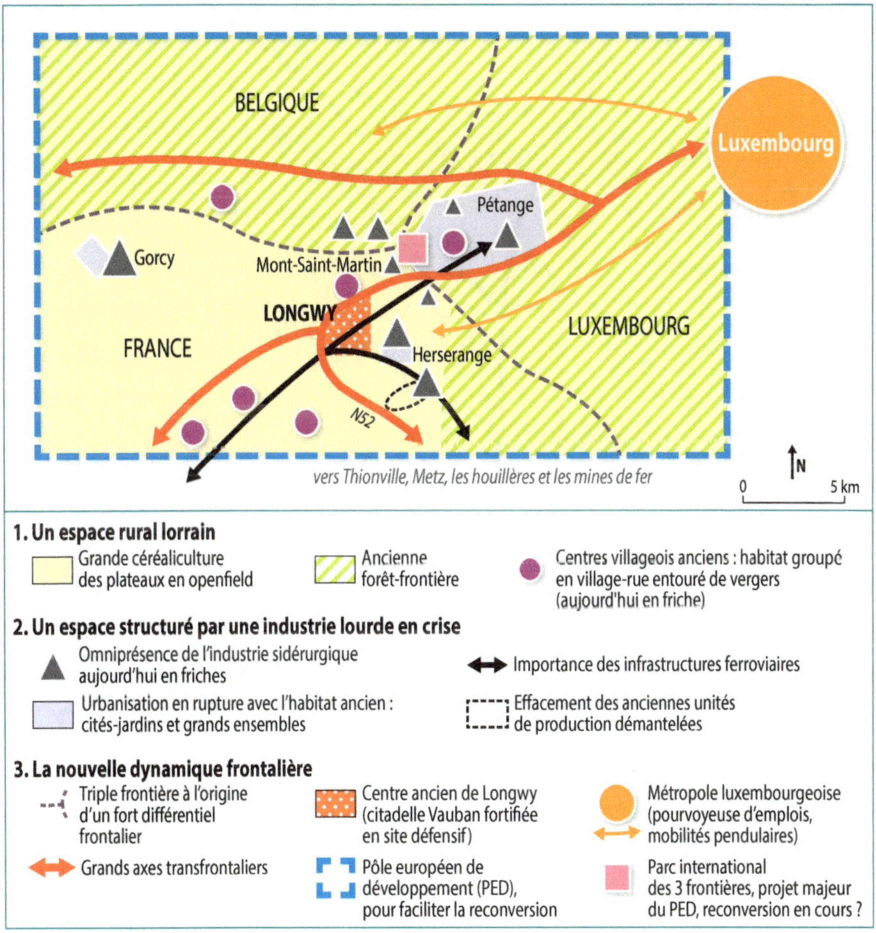

3.2 Croquis de synthèse d'un extrait de carte centré sur Grenoble

Figure 8.2 Grenoble, une métropole alpine en forte croissance

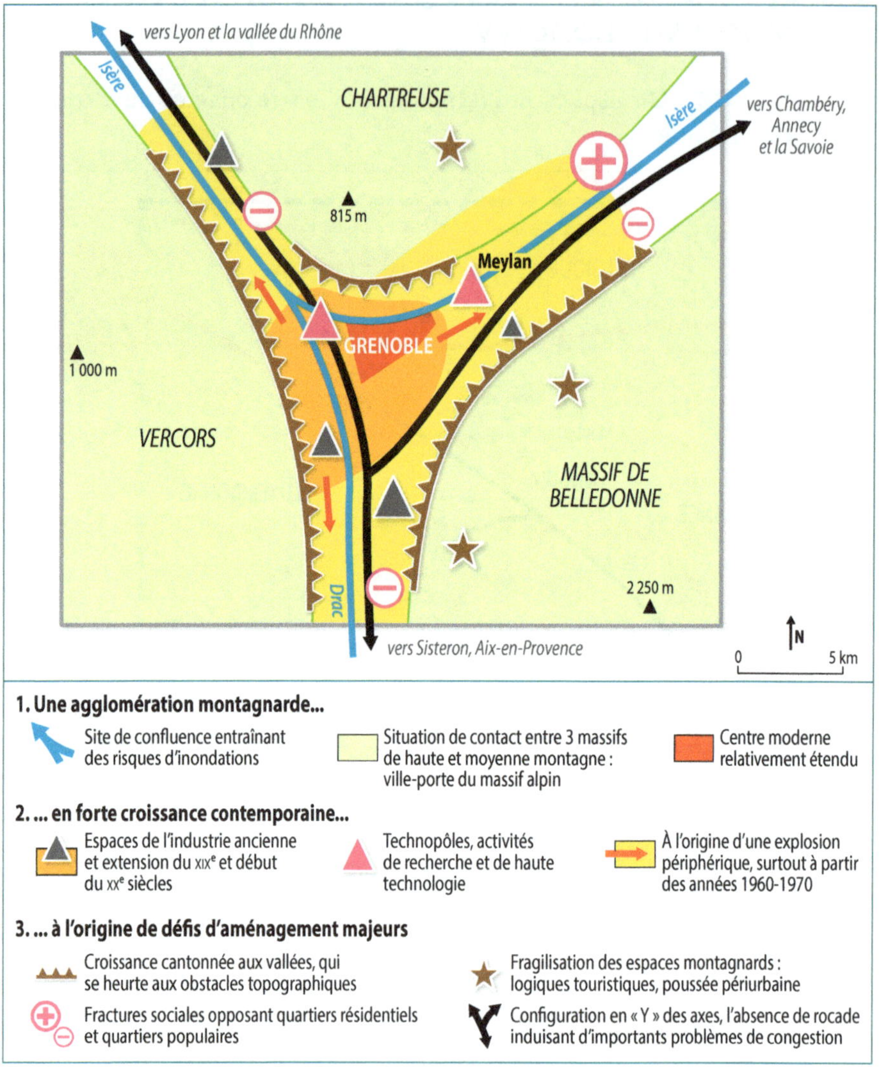

3.3 Croquis de synthèse d'un extrait de carte centré sur Arcachon

Figure 8.3 Le bassin d'Arcachon : un littoral polyfonctionnel soumis à de fortes pressions

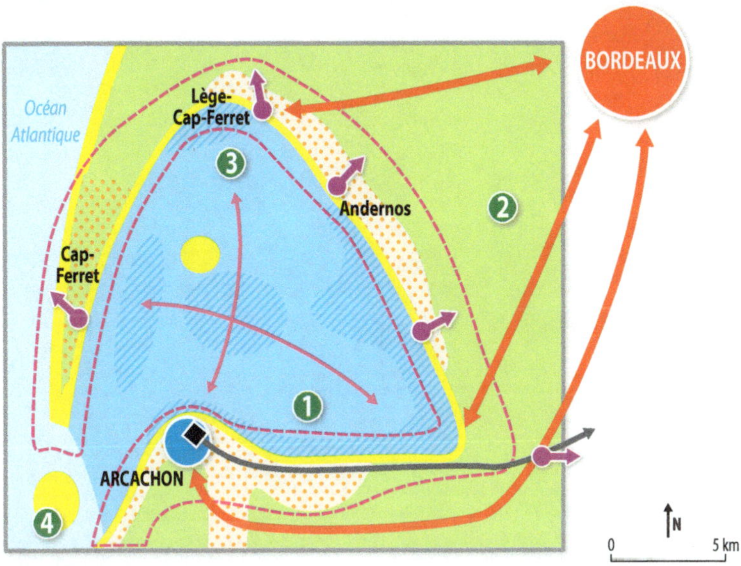

1. Un littoral original, avec ses milieux variés

- Littoral sableux, dunaire et insulaire, des aménités paysagères mises à profit par le tourisme
- Au contact de la forêt des Landes de Gascogne (sylviculture)
- Slikke, schorre, chenaux : spécificités du bassin d'Arcachon, favorables à la pratique d'activités primaires et touristiques

2. Des pressions croissantes sur un littoral polyfonctionnel

- Exploitation et aménagements de l'estran : ostréiculture et pisciculture omniprésentes
- Station balnéaire ancienne (XIXe siècle)
- Gare et voie ferrée : moteur du développement
- Tourisme littoral qui se développe encore
- Pression urbaine : petits pôles en expansion
- Sous l'influence, notamment, de la proximité bordelaise
- Axes routiers permettant une bonne desserte

3. Les limites de la littoralisation

- Configuration du bassin posant des problèmes de circulation interne
- Des pressions très concentrées, le long d'une étroite bande littorale, à l'origine de conflits d'usage

La difficile protection du bassin d'Arcachon :

1. Parc naturel marin du bassin d'Arcachon
2. PNR des Landes de Gascogne
3. Réserve des Prés salés
4. Réserve du Banc d'Arguin

Ressources

Manuels complémentaires conseillés sur la France métropolitaine et ultramarine

Adoumié V., 2013, *Les régions françaises*, Paris, Hachette.

Colombel Y., Oster D., 2011, *La France, territoires et aménagement face à la mondialisation*, Paris, Nathan, coll. « Nouveaux Continents ».

Damette F., Scheibling J., 2011, *La France, permanences et mutations*, Paris, Hachette, coll. « Carré Géographie ».

Gay J.-C. , 2008, *L'Outre-mer français, un espace singulier*, Paris, Belin, coll. « Belin Sup ».

Jean Y., Vanier M. (dir.), 2009, *La France, aménager les territoires*, Paris, Armand Colin, coll. « U ».

Piercy P., 2009, *La France, Le fait régional*, Paris, Hachette, coll. « Carré Géographie ».

Reghezza-Zitt M., 2011, *La France dans ses territoires*, Paris, SEDES.

Scheibling J., 2011, *Qu'est-ce que la géographie ?* Paris, Hachette, coll. « Carré Géographie ».

Smiths F., 2011, *Géographie de la France*, Paris, Hatier.

Tiffou J., 2009, *Commenter la carte topographique aux examens et concours*, Paris, Armand Colin, coll. « U ».

Sites Internet

Geoportail : www.geoportail.gouv.fr/accueil

Site principal de l'IGN très riche et fondamental dans la préparation de l'exercice de commentaire de carte. Il permet une localisation efficace de la carte étudiée à différentes échelles, en faisant varier un petit curseur. On peut y visualiser n'importe quel espace au 1/25 000 et ajouter différentes « couches » d'information, très nombreuses.

Remonter le temps : https://remonterletemps.ign.fr/
Précieux site de l'IGN permettant de comparer cartes topographiques et photographies aériennes à des dates différentes (milieu du XIXe siècle, 1960, aujourd'hui), et s'avère utile pour comprendre les évolutions territoriales à différentes échelles.

Géoconfluences : http://geoconfluences.ens-lyon.fr/
Site de ressources du département de l'ENS lyon qui met en ligne des dossiers régionaux et thématiques, des analyses de notions, un lexique, etc.

Geodatas : www.geodatas.over-blog.com
Site de Philippe Piercy, professeur en CPGE (BEL) au lycée Berthollet à Annecy et auteur de très bons ouvrages sur la France, qui met en ligne d'intéressants commentaires de carte, des conseils et dossiers.

Geographica dans la marge : http://geographica.danslamarge.com/-AGRO-VETO.html
Site de Jean-Michel Dauriac, professeur de géographie en CPGE (BEL et agro-veto) au lycée Michel de Montaigne de Bordeaux, qui met en ligne d'intéressants commentaires de carte, des conseils et dossiers.

Cartothèque de l'université Paris 8 : http://geographie.ipt.univ-paris8.fr/rubriks/carto/cartorub/cartes/cartesthematiques.php
Site de la cartothèque du département de géographie de l'université de Paris 8 qui recense 137 cartes topographiques et identifie les thèmes qui y sont exploitables parmi 7 catégories (urbain, rural, littoral, relief, aménagement, tourisme, hydrologie).

La Géothèque : www.geotheque.org
Site associatif de promotion et de popularisation de la géographie et de la cartographie, proposant de nombreuses ressources, telles que fiches, bloc-diagrammes, cartes, dictionnaires de géographes…

Dans la même collection

- BAUDELLE Guy, *Géographie du peuplement*, 2016, 3e édition.
- BÉGUIN Michèle et PUMAIN Denise, *La représentation des données géographiques. Statistique et cartographie*, 2017, 4e édition.
- CIATTONI Annette et VEYRET Yvette (dir.), *Les fondamentaux de la géographie*, 2013, 3e édition.
- DAVID Olivier, *La population mondiale. Répartition, dynamique et mobilité*, 2015, 3e édition.
- DI MÉO Guy, *Introduction à la géographie sociale*, 2014.
- GŒURY David et SIERRA Philippe, *Introduction à l'analyse des territoires*, 2016.
- GRATALOUP Christian, *Introduction à la géohistoire*, 2015.
- HUMAIN-LAMOURE Anne-Lise et LAPORTE Antoine, *Introduction à la géographie urbaine*, 2017.
- LAMBERT Nicolas et ZANIN Christine, *Manuel de cartographie. Principes, méthodes, applications*, 2016.
- LOUCHET André, *Les océans. Bilan et perspectives*, 2013.
- LOUISET Odette, *Introduction à la ville*, 2011.
- MORANGE Marianne et SCHMOLL Camille, *Les outils qualitatifs en géographie. Méthodes et applications*, 2016.
- PUMAIN Denise et SAINT-JULIEN Thérèse, *Analyse spatiale. Les interactions*, 2010, 2e édition.
- PUMAIN Denise et SAINT-JULIEN Thérèse, *Analyse spatiale. Les localisations*, 2010, 2e édition.
- VEYRET Yvette et CIATTONI Annette, *Géo-environnement*, 2011, 2e édition.
- VEYRET Yvette, *La France. Milieux physiques et environnement*, 2000.

261703 – (IV) – OSB 90° – PCA – LRN
Dépôt légal : avril 2017 – Suite du tirage : août 2020

Achevé d'imprimer par Dupli-Print à Domont (95)
N° d'impression : 2020080661
www.dupli-print.fr

Imprimé en France